住宅区图解

从地形、建造、景观、住房、房间布局中解读日本团地的设计思考

[日]筱泽健太　吉永健一　著

成潜魏　刘关熙诺　张卓群　何竞飞　译

机械工业出版社

CHINA MACHINE PRESS

20 世纪 50 年代，作为集合住宅起源的日本团地住宅区大量建造。而这种代表先进生活方式与设计理念的住宅，随着建造时间的增长和居住人数的逐年减少，面临"人口与建筑的老龄化""社区的衰退"等难题。但团地住宅区并非只有堆积如山的问题，在设计手法上也有非常多的优点。本书以日本团地住宅区为研究对象，从地形与景观，规则与约束，社区与规划，平面与布局等对团地住宅区进行剥茧抽丝的调研、阐述与思考。本书共分四章：第 1 章是对两个团地住宅区的实地考察；第 2 章是团地住宅区空间的解读方法；第 3 章通过"地形→土地平整→整体布局→住宅楼→房间布局"的关联对 7 个团地住宅区进行图解说明；第 4 章通过对规划和设计专家的访问，不断探索在场地、技术和经济效益等各种因素限制下团地住宅区的设计。本书获得 2017 年"日本造园学会奖"。

当前中国也面临新的住宅小区如何建设、老旧住宅小区的综合改造如何进行、城市空间存量更新如何实现、社区环境与生活品质如何提升等迫在眉睫的课题，希望本书能在未来的住宅区设计及更新改造，社区的再构筑方面带给我们极具价值的启示。

Original Japanese title: DANCHI ZUKAI

Copyright © Kenta Shinozawa, Kenichi Yoshinaga 2017

Original Japanese edition published by Gakugei Shuppansha

Simplified Chinese translation rights arranged with Gakugei Shuppansha

through The English Agency (Japan) Ltd. and Shanghai To-Asia Culture Co., Ltd.

本书的日文版获得一般财团法人住总研 2017 年出版资助　住总研（http://www.jusoken.or.jp/）

北京市版权局著作权合同登记 图字：01-2020-1311

图书在版编目（CIP）数据

住宅区图解：从地形、建造、景观、住房、房间布局中解读日本团地的设计思考/（日）筱泽健太，（日）吉永健一著；成潜魏等译.—北京：机械工业出版社，2022.2

ISBN 978-7-111-70056-2

Ⅰ．①住…　Ⅱ．①筱…②吉…③成…　Ⅲ．①住宅区-规划-设计-日本-图解　Ⅳ．①TU984.313-64

中国版本图书馆CIP数据核字（2022）第007049号

机械工业出版社（北京市百万庄大街22号　邮政编码100037）
策划编辑：时　颂　　　　　责任编辑：何文军　时　颂
责任校对：张　力　刘雅娜　封面设计：鞠　杨
责任印制：李　昂
北京富博印刷有限公司印刷

2022年4月第1版第1次印刷
184mm×260mm・9印张・8插页・256千字
标准书号：ISBN 978-7-111-70056-2
定价：69.00元

电话服务　　　　　　　　网络服务
客服电话：010-88361066　机 工 官 网：www.cmpbook.com
　　　　　010-88379833　机 工 官 博：weibo.com/cmp1952
　　　　　010-68326294　金 书 网：www.golden-book.com
封底无防伪标均为盗版　机工教育服务网：www.cmpedu.com

旧团地与新未来

团地究竟是什么？

所谓"团地"，是日本独有的一种住宅区，它的名称并不是根据建筑本身的特征来命名，而是指在同一地区内建造的集合住宅的建筑群。

据建筑史学家藤森照信考证，团地一词最初由日本住宅公团的初代设计课长本城和彦提出，为"集团住宅地"的简称，意指住宅公团负责的开发区。而"集团住宅地"一词其实于 1939 年日本建筑学会主办的竞赛"面向劳动者的集团住宅地计划"中已经出现。

从"Hibarigaoka 团地"的解体重建，到"旧赤羽台团地"成为日本有形文化财产，再到以 2022 年为期的以团地住宅区来连接未来生活的"城市和生活的博物馆"计划，以及日本 UR 都市机构大力倡导的"团地与地域再生"。因为疫情的持续蔓延，大家开始认真思考逃离城市的工作与生活的方式。团地住宅区从因逐渐萧条而一度被认为是陈腐与鬼城的代名词一跃成为日本的热门话题。

现在的日本，10 个人里面就有 1 人住在公寓里，住在这种混凝土造的集合住宅已是理所当然的事。而作为集合住宅起源的团地，对日本住宅的发展有着不可磨灭的影响。

1916 年日本建成了第一个混凝土结构的集合住宅。第二次世界大战后的 1955 年，日本住宅公团成立，并迅速向城市圈近郊提供这种混凝土结构的集合住宅。"食寝分离""餐桌的出现""带浴缸的冲水卫生间""富余的绿地空间"等这种当时先进的生活方式与设计理念争先恐后地登场。团地住宅区犹如一股潮流，迅速席卷了整个日本社会。之后的 20 世纪六七十年代，团地住宅区浪潮并未消退，每年都会大批量生产，随着时代的变化人们追寻着"更宽敞""更舒适""更便捷"的居住方式。可以说当今的住宅，尤其是公寓的平面布局，所有的骨架都源于团地住宅区。

但作为曾经的"超级明星"，引领着时代生活方式的团地住宅区也处在了一个巨大的转折点上。

根据日本最大的房东"UR 租赁住宅"统计：现存的 1532 个团地，共 71.8 万户租赁住宅中，建造年份超过 40 年的团地住宅区约占 7 成。在团地住宅区长期居住的人很多，平均居住年限为 14 年零 5 个月，虽说看上去只是租一个房子住了几年，但大部分人对团地住宅区有着深切的留恋，这里已经是他们的"故乡"了，对于他们来说，这是一个游乐场设施、绿地空间十分充裕，人与人之间联系紧密、和谐又宜居的社会。话虽如此，但是住得久了，团地住宅区里的建筑和居民也一起老龄化了。

团地住宅区在短时间内大量供应 2DK~3DK[⊖] 等相对均匀的住宅，随着居住人数的逐年减少，使得从团地住宅区新建时以育儿家庭为主要的构成部分变成一位老人独居的状况，这种状况占全部入住家庭的 38%，而这种人口的减少与老龄化仍在进一步发展。这也造成了同时设置在团地住宅区的学校和商业设施整体衰退。

团地住宅区面临的"人口与建筑的老龄化""社区的衰退"等难题，在硬件方面似乎比较容易解决，但考虑到"如何使各种各样的年龄层持续居住""如何使社区振兴与活性化"则需要因地制宜，寻找新的出路。正因为如此，在对团地住宅区进行"技术性重建改修"的同时，对"社区营造"以及"地域人文"的关注也必不可少。

本书以第一人称的视角深入团地住宅区，从地形与景观、规则与约束、社区与规划、平面与布局等对团地住宅区进行剥茧抽丝的调研阐述与思考，百科全书般的解读让人印象深刻。

当今中国城市建设如火如荼，一栋栋住宅楼拔地而起。与此同时，从前拔地而起的住宅楼也逐步老旧。新的住宅区如何建设、老旧住宅区的综合改造如何进行、城市空间存量更新如何实现、社区环境与生活品质如何提升等，也是我们迫在眉睫的课题。了解日本团地住宅区的历史与现状，解读其设计思想，感受其魅力，并认识其问题所在，或许能为我们未来的住宅设计以及住宅区的更新改造，甚至社区的再构筑提供极具价值的启示。

成潜魏

东京大学

2021 年 9 月 7 日

⊖ DK：是 "Dining" 和 "Kitchen" 的首字母缩写，是日本住宅中餐厅和厨房一体化的空间。

被团地吸引的原因
——跨越了建筑，城市规划，土木工程和景观的生活空间

为什么要以团地住宅区为对象呢？

近年来，在建筑设计和城市规划领域，团地住宅区被片面地描述为"老龄少子化的住宅区"，人们试图通过城市建设和改造来解决这个问题。但团地住宅区里只有堆积如山的问题吗？我们认为并非如此，团地住宅区中还有很多值得体验和深思的地方。

实际上根据我们的经验，反倒是普通民众已经逐渐意识到团地住宅区的优越性。没有任何专业知识的年轻建筑系学生和很多前来探访物业的客户都会说："啊，真好。"但从事建筑和景观行业的人，特别是在专业教育中将团地住宅区视为"负面的居住空间和城市规划"的一代则对此很冷淡。"如今的团地？""怀旧趣味？"……不，并非如此。我们之所以出版此书，目的是希望从建筑、景观、规划以及设计手法的角度来解读团地住宅区的"好处"，并用语言准确地将其描述出来。

团地住宅区的真正魅力是什么？

本书所介绍的团地住宅区的"好处"与渗透在文学和漫画、动漫等亚文化中所谓的"对逐渐落寞的团地住宅区的怀旧之情"有所不同。

归根结底，团地住宅区究竟好在哪里？当我们漫步在团地住宅区中时，首先会隐约感觉到"啊，真怀念""感觉还不错呢"或者"团地住宅区的空间很好"。但对于从未有过此感受的人来说，让他们产生共鸣并不是一件容易的事。仅仅看照片和图纸是远远不够的，并且如果只着眼于局部细节的话，也只会一叶障目不见泰山。所以，我们想要将团地住宅区最真实的面貌原原本本展示于众！为此，我们决定先将团地住宅区进行图示并解读。在工作中我们意识到将团地住宅区直接划分为土地平整、景观设计、住宅布局和建筑设计等领域则无法全面地描述其魅力，换句话说，"地形→土地平整→整体布局→住宅楼→房间布局"各个领域之间的"紧密联系"才是团地住宅区独特的魅力所在。那团地住宅区中的这些"联系"究竟是如何产生的？本书正是从这个角度对团地住宅区逐步进行解读，并通过访问调查等手段来明确这些团地住宅区的形成过程、形成目的并基于此进行思考。

想用第一人称来叙述！

在第 1 章中，我们将在两个团地住宅区中巡游一番。 在后面的章节里会讨论到各种各样的关于"联系"的启发与指引。第 2 章的内容是稍显刻板的"团地住宅区解说"。 第 3 章通过"地形→土地平整→整体布局→住宅楼→房间布局"的连续性（也就是"联系"）对 7 个团地住宅区进行图解说明。这一章同时也是第 1 章的解答。 在第 4 章通过对规划和设计专家的访问，不断探索在场地、技术和经济效益等各种因素限制下团地住宅区的设计。本书中的另一个关键词是"团地住宅区设计团队"。请翻看到本书中间可展开的长图，即日本住宅公团关西分公司的"团地住宅区设计思想　昭和 30—43 年"，来一同感受一下团地住宅区设计团队的设计与探索。

・在有限的场地中仔细考量土地的特征；
・在共通的设计规定的约束下，想方设法解开这些束缚；
・继而打造出具有"舒适感"的全新生活空间。

如果大家对我们所认为的好的"团地住宅区形象"所营造出的时代氛围感到满意的话，将不胜感激。

当时的独创性做法为当代的空间规划和建筑、景观设计提供了诸多启发。对于调查研究，既不能像看待"他人的事"一样冷眼旁观，也不能想当然，而是要从这些规划设计中探索出更多相关的启发，把它真正作为"自己的事"来看待。这就是我们想在本书中以"第一人称"视角传达给读者的信息。

2017 年 8 月

筱泽健太　吉永健一

本书的阅读指南

凡例
· 与文本相关的插图和说明在本页或者前后两页上。
· 参考文献统一都列举在本书的末尾，并在本文中表示为（示例：一文 2-1）。
· 本书中显示的有关团地住宅区的相关信息截止至 2017 年 8 月。
· 第 3 章中的事例和团地住宅区地图（p.110）中显示的竣工年份为入住的开始年份。
· 关于在第 3 章中介绍的七个团地住宅区以外，在各个地方引用到的其他团地住宅区，虽然省略了详细说明，标记了"*"号的团地住宅区可以在团地住宅区地图（p.110）中，查看各个团地住宅区的竣工年份，位置以及与其距离最近的车站。

第 1 章

团地住宅区的实地考察

——在当地考察团地住宅区的规划及设计要点

千里新城篇

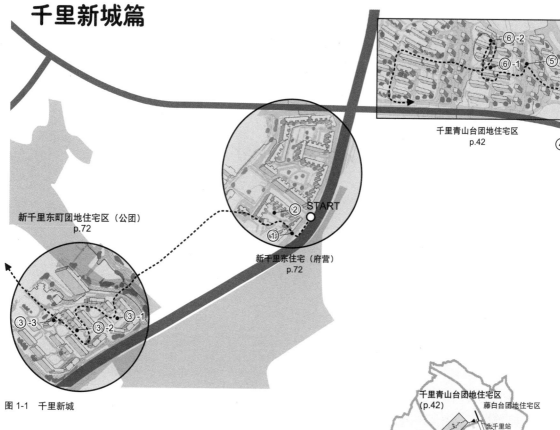

图 1-1　千里新城

　　千里新城是日本第一个正式的新城式住宅区。 在大阪市往北约 12 公里处，用地面积为 1160 公顷，场地在开发之前是一个被树木覆盖的丘陵地区（图 1-1）。

　　当时，用于土方工程的重型机械技术没有现在那么先进（p.25）。此外，为了维护必要的供水系统以确保周边地区的农业用水不会中断，因而保留了原有的大部分地形（p.24）。如何处理与保留地形的高差是此住宅区设计中的一大课题。

　　千里新城是由各种各样的主体共同建造的团地住宅区。主要有大阪府营住宅（以下简称"府营"），大阪府住宅供给公社，日本住宅公团[⊖]（以下简称"公团"），以及私人房屋，公司宿舍等（图 1-2）。尽管设计是在大阪府企业局（以下简称"企业局"）制定的总体规划下进行的，但设计主题和手法自然也会因为主体不同而有所不同。 特别是府营与公团之间在如何处理高差和如何创建社区空间方面的想法大相径庭。

　　让我们在仍然保留着当时的团地住宅区千里新城中，一边散步一边探索其设计思想。

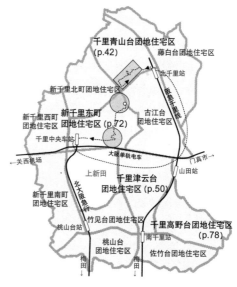

图 1-2　千里新城 12 团地住宅区总规划图和交通路线图

Y：吉永　　S：篠沢

⊖ 公团，日本法中的一种特殊法人。指在执行国家特殊目的，由政府或地方公共团体出资组成的经营特定公共事业的法人。公团是国家或其他公法团体通过设置独立企业介入经济活动的一种方式，公团大多从事建设事业，如经营运输、道路、港湾、桥梁、机场等，主要用来弥补私人企业经营大型建设项目的不足。

图1-3 被住宅楼围合的庭院中有公园、集会场所和停车场［新千里东住宅（府营）］

图1-4 由于增建，进一步增强了庭院的封闭感［新千里东住宅（府营）］

通过新千里东町来观察府营与公团之间设计思考的差异

通过"新千里东住宅（府营）"观察雷德朋体系（Radburn-System）[⊖]

——从"新千里东住宅（府营）"开启住宅区的实地考察（图1-1①）

Y： 将住宅建筑环绕场地而建是当时府营住宅的典型做法（图1-3）。新城规划时采用了府营设计团队所考察的雷德朋体系，并对其进行了调整。这个体系与魏林比新城[⊖]十分相似。

S： 住宅区对外是非常封闭的。无论是好是坏，这种闭塞感都让外人难以进入。

Y： 这个做法似乎是打算将街区的社交空间与住宅区中的私人空间分隔开来，将其封闭以增加内部交流的密度。

——进入被住宅建筑群围合的庭院（图1-1②）

S： 这么宽阔的庭院实在难得一见。虽然由于正在重建使其只有原来一半大，但仍然很宽阔。但好不容易有这样的庭院却被用来做停车场，几乎没有被合理利用。

Y： 采用雷德朋体系的另一个原因是要实现人车分离。最初停车场也是设置在住宅楼群的外围，后来由于不能满足需求，停车场就慢慢延伸到了庭院。但分明府营住宅庭院的用处就是可以自由走动而不必担心机动车……令人遗憾的是，随着住宅楼的扩建，内部的庭院也随之变得更小了（图1-4）。

⊖ 雷德朋体系（Radburn-System），在美国新泽西州的雷德朋住宅区中采用的人车分离的方法。雷德朋体系（也称作"雷德朋模型"或者"雷德朋方法"）以地名来命名。该场地的周边被一个住宅街区所环绕，该街区内设有公园和各种设施。车辆只能在街区外行驶而不能进入街区。

⊖ 魏林比新城（Vallingby City），1951年在瑞典斯德哥尔摩郊区建的新城中，采用了雷德朋体系。对规划了千里新城的大阪府企业局所设计的围合布局产生了很大影响。

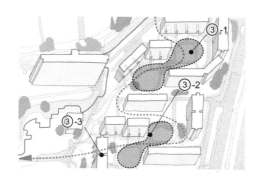

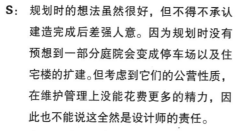

图1-5 "新千里东町团地住宅区(公团)"的轴测图。从图上可以看到内部庭院的端末是相互连接的

图1-6 一个庭院像串珠一样连着下一个庭院

S： 规划时的想法虽然很好，但不得不承认建造完成后差强人意。因为规划时没有预想到一部分庭院会变成停车场以及住宅楼的扩建。但考虑到它们的公营性质，在维护管理上没能花费更多的精力，因此也不能说这全然是设计师的责任。

Y： 由于这种围合庭院的建造方式使得很多住宅楼无法朝南，这不利于采光，因此受到了诸多批判。在后来的几年中，府营住宅逐渐摒弃了这种建造方式。

S： 建设公团住宅"千里津云台团地住宅区"（p.50）的时候，企业局正准备将其建为与这个住宅区一样的围合型布局◯，但是遭到公团相关部门的坚决反对。

Y： 尽管公团当时仍固执地坚持朝南平行布局，但目前来看，他们似乎已经预想到封闭且过于宽阔的围合型布局是行不通的。话虽如此，公团同样也意识到围合的庭院空间对于社区来说是必要的，因此在"千里津云台团地住宅区"中将平行排列的住宅楼错开许少许以创建多个围合的小型游乐场◯。

S： 虽然在同一时代建造同样的新城以及社区的想法是相同的，但有趣的是府营和公团却选择了全然不同的手法。

Y： 确实如此。在那之后，府营不再执着于使用围合型布局，公团则继续思考如何建设更高效的围合型布局，这种思考的集大成之作我们将在下一个"新千里东町团地住宅区(公团)"（p.72）中看到。

半封闭半开放布局的妙处
"新千里东町团地住宅区(公团)"

——到达了"新千里东町团地住宅区(公团)"中一个围合空间（图1-1 ③-1）

Y： 住宅楼所围合的形式虽然与府营住宅相同，但这个空间的围合尺度恰到好处。为消除它的封闭感，设计师运用了各种手段以打通视线与动线。

S： 这个空间真好啊。在住宅楼的南侧设计了N-S组合◯的开口部分。南面虽然没有楼梯间，但一楼的楼梯出入口是通往南面的。

Y： 一楼的房间布局下了很大功夫。将房间的一侧变窄，以便可以与围合的一侧贯通。

◯ 场地外围排列着住宅楼，以此来营造内部开放空间的布局。

◯ 设置在住宅区或公寓一角的小型儿童公园。

◯ 通常建在东西轴线上的两个板状式住宅楼中，通常将出入口设计在北侧，阳台设计在南侧，但是在N-S组合中，出入口设计为面向南北两侧，意图以此形成社区。

图 1-7 "新千里东町团地住宅区（公团）"的停车场。停车场与公园之间设有一些假山和绿篱以区分空间

S： 由现代规划研究所（藤本昌也） 设计的坐落于山形县新庄市的"小桧室团地住宅区"* 和这个住宅区具有相同的结构。从楼梯到被住宅楼围合的内侧，都是运用了同样的手法使空间更具穿透性。在被围合的区域内设有广场和集会所。

Y： 在这里，从楼梯也可以直接进入被围合的公园，人们很容易在这里聚集起来，这有利于社区的形成。到目前为止的案例中，如果使用 N-S 组合的方式来进行房间布局的话，便不能实现从南面出入住宅楼。但这个问题在这里已经完美解决了。

S： 这个围合空间的另一边还有其他的围合空间呢。

Y： 这是整个公团住宅中围合型布局的集大成者"错落式围合"。住宅区中有好几个小型围合空间，且邻接的围合空间边界相连。如果从上方看，住宅楼像数字"8"一样形成一个围合（图 1-5、图 1-6）。

S： 原来如此，当看到数字"8"的连续时，便已了然于心了。以前只有一个围合空间，在这里又多了一个围合空间。像"8"字一样围合起来（图 1-1 ③ -2）。

Y： 换句话说，就是将多个围合空间错位的同时并将它们像串珠一样串起来（图 1-6）。这样虽然每个围合空间并不大，

却不会令人感到封闭或局促。

S： 围合空间敞开的方向自然而然地朝向车站。并没有非常生硬地与街道连接，和公园缓缓相连的感觉非常棒。对了，车辆是可以进入围合空间的，只不过限制了范围，公园和停车场之间利用绿篱来划分，并巧妙地设定了高差（图 1-7）。

Y： 这个住宅区也在竣工后增加了停车场的数量，但庭院的大体氛围并未被打破。停车位整齐地排布在住宅楼附近，没有延伸到中间，这大概是景观设计的效果。

开发专属围合空间的房间布局

Y： 实际上，围合空间东西侧的南北轴住宅楼 (p.73) 采用的是其他住宅楼中没有的独特房间布局（图 1-1 ③ -3）。

S： 说起来，外观也与朝南的住宅楼有所不同。在刚才提到的府营住宅中，与东西轴相同类型的住宅楼在南北轴上也旋转了 90° 来建造。

Y： 南北轴的住宅楼由于不朝南所以在白天采光不良，因此在中央走廊的东西向排列了 1DK 的单身住户单元。这个住宅区为了在世博会期间可以用作员工宿舍，设计了这种恰到好处的小规模户型单元。虽然白天采光不良，但是这个时间段住户刚好在外工作，对吧？

S： 这些经过深思熟虑的细节给我留下了深刻的印象。南面（广场一侧）仅限于家庭住户 (p.76、p.77)。

Y： 对，就是这样区分的。

S： 这里的房间布局看起来很有意思。基本构成虽然是围合型布局，但如果按原样采用与东西轴相同的住宅楼，则会像府营住宅一样出现采光问题，对此需要进行细致的推敲。所以制定出了单身住户

<hr/>

 建筑师藤本昌也于 1972 年设立设计事务所。经手了多个地方的公团、公社住宅和公团住宅的设计。

图 1-8 从北千里站俯瞰千里青山台团地住宅区，住宅楼的起伏凸显出场地的高差

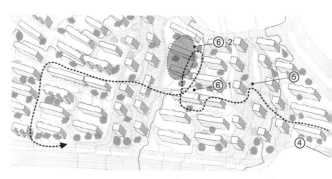

图 1-9 "千里青山台团地住宅区"的路线

单元朝西面布局的标准。^(p.75)也就是增加了所需的标准类型。这样的独创想法让解读者们也兴奋不已。

赌上公团自尊的布局

Y： "新千里东町团地住宅区（公团）"是公团在千里新城规划中的一个集大成之作。因此很容易理解在最开始的"千里津云台团地住宅区"^(p.50)里，为什么没有选用围合型布局。

S： 果然公团的工程师们的自尊心还是很强的。当时的围合型布局还没有被中间广场的停车场所侵蚀，肯定会被大阪府的居民们议论："你看这样不是更好吗？"那时候虽然心有不甘，一边想着："什么？！"一边还是继续思考新的布局（折页图）。能感受到工程师和规划师们认为"围合型布局如果只是将其围起来则毫无意义，只有这样才能让空间变得更丰富"的这种设计者的自尊。

通过"千里青山台团地住宅区"来观察公团的设计思考

对斜坡的调整

——在北千里站面临千里青山台团地住宅区（图1-9，④）

Y： "千里青山台团地住宅区"^(p.42)是千里新城中建成较早的团地住宅区之一，这个住宅区很好地体现了当时的公团和设计师是如何想方设法克服诸多制约的。这些限制条件如图 1-8 所示。

S： 真是很夸张的高差啊。

Y： 车站前的区域是地势最低的地方，随着慢慢接近住宅区的内部,地势逐渐升高。高差约 20 米。如何在这样一个陡峭的斜坡上进行建造是这个项目的最大挑战。早期的公团几乎无法获取条件较好的土地，像在这种有急剧高差或地形不规则的场地上规划并不罕见。

S： 虽然当时的建筑技术没有现在这么完善，但也在有限的技术支持下尽最大努力完成了。尤其在土地平整工程上费了很大的力气。在没有数量充足的挖掘机和翻斗车的前提下，不得不考虑如何在仅仅使用推土机和铲车等重型机械^(p.25)的情况下实施土地平整工程。

——从"千里青山台团地住宅区"的中间到住宅区的东侧，可以一直沿着下坡到达斜坡上排列着有底层架空柱的点状式住宅楼。（图 1-9 ⑤）

S： 草地平缓地在斜坡上铺展开来，仿佛高原一般。斜坡上稀稀落落地散布了一些点状式住宅楼，宛如一座山城（图 1-10）。

Y： 这些点状式住宅楼形成的风景线是"千里青山台团地住宅区"的亮点之一，也

图 1-10 "千里青山台团地住宅区"排列着点状式住宅楼。场地的斜坡一直延伸到面前的这栋楼脚下

图 1-11 "千里青山台团地住宅区"底层排列着底层架空柱。透过架空层可以看到两栋楼之后的空间

是设计的重点。

S：（从斜坡的 GL 到一层地面以下）底层架空柱很矮。高藏寺新村的"高座台团地住宅区"里的点状式住宅楼也打通了第一层的空间，并设置了人行道和自行车停车场。但在这里却看不到这样的功能。架空层下只有斜坡。这种随机的做法让人觉得很不可思议。

Y：之所以在这里建造带有底层架空柱的点状式住宅楼，是为了能"调整"斜坡上建筑物的排列方式。通过更紧凑的平面来减小占地面积，同时可以减少土地平整的工程范围。此外使用底层架空柱，还可以通过改变柱子的长度来对应建筑倾斜的变化。

S：从经济角度来看，难道不是直接将其设计成平地会更加划算吗？

Y：你指的是通过土地平整来改变地形吗？设计方不想在这里做挡土墙吧。

S：是为了应对斜坡吧。

Y：与当时在公团负责设计的 UR（前身是公团住宅组织）的相关人员交谈的时候，据说是为了避免产生压迫感，将挡土墙的高度控制在了 1 米以内。

S：嗯，如果建造挡土墙的话，此后将不得不建造更多例如扶手之类的附带设施，就会看起来很凌乱。与其建造一个宽阔的平地并在末端立起大型的挡土墙，不如在斜坡上雕刻出一个个小的水平面将

高差融入其中，用底层架空柱来代替挡土墙，大概是这样的感觉吧。

Y：斜坡本身也在某种程度上将高差消隐了，将地形的每个部分都细分出来处理。甚至每一栋建筑物的高差都经过了精心的调整呢。

S：此外，这些住宅楼"成群结队"时，底层会出现大量的架空空间，非常壮观（图1-10）。

——沿着斜坡爬到住宅区的中心部。左右都被高大的架空层住宅楼（图 1-9 ⑥ -1）包围。

Y：这是从车站出发的主要路径。如果继续向前走，会看到住宅区的会议室。

S：既保留了被住宅楼围合的类似庭院的感觉，同时根据地形的坡度自然形成了人流。整个构成没有生硬地强调轴线带来的形式感，而是展现出一种"缓缓流淌"的状态。

Y：给人的印象就是建筑直接从连绵起伏的地面中生长出来似的。

S：哇！这个架空层的打通方式（图 1-11）实在是太棒了！打造出了一个可以看到北边三栋楼后面的空间（图 1-9 ⑥ -2）。

Y：跟刚才那个点状式住宅楼一样，这个架空空间也在调整斜坡上的建筑布局下了很大功夫，意图让它呈现出连绵不断的景观。

从土地平整到房间布局的延续
公团住宅的设计是什么

S： 如果大面积的土地平整造成了高差，则势必建造挡土墙、扶手等设施。像这样虽然可以在高差上做文章，但会遭到建筑设计方的反对，感觉会十分麻烦。

Y： 很麻烦吗？

S： 因为处理架空空间要花额外的钱，会被反对吧。

Y： 嗯。

S： 为什么在公团的住宅区里会实现呢？

Y： 因为这不单是解决了水平面对齐的问题，而且还一并解决了景观和社区的问题。我认为，点状式住宅楼的精髓在于既妥善处理了如何在斜坡上进行土地平整工程，又处理了如何在房间布局中设置多个开口的问题。实在是一举两得，虽然不知道哪方面是被优先考虑的（图1-12）。

S： 我感觉应该是同时考虑的。从土地平整的角度来说想要做成平地，从住宅设计的角度来说想把长边方向的南面打造得更宽阔一些。但是如果这样做的话会波及斜坡平地化的部分，因此在某处会形成一定的高差。所以在直面这个问题时，可能需要同时考量如何确保空间敞亮的房间布局和点状式住宅的均匀分布的问题。

Y： 一种形式中包含了多种要素，这真是一个非常全面的设计方案(p.42)，虽然已经过了半个世纪，但更像是当下的作品。如果将土地平整工程和住宅楼都分开来考量的话，就会变成十分常见的建在平地的土地平整方式。在"千里青山台团地住宅区"里，能感觉到土地平整的意图与住宅的房间布局紧密相连。

S： 虽然不知道这些设计师是不是在同一个部门工作，但我认为他们在土地平整和房间布局问题的解决方案上达成了深度共识。

Y： 我想知道当时究竟是在什么样的体制下进行设计的呢。

S： 观察团地住宅区有趣的地方是，我们能够以现今参与规划设计的立场来想象或者探索，"原来当时的规划设计师是这样想的啊，在这里应该下了很大功夫吧……"如果只是以很普通的方式在普通的住宅基地上建造房子的话，也就没什么值得深究的了。但是在团地住宅区里可以解读的东西则不胜枚举。"啊，在这里下了很大功夫，那里也是。"即便去一个类似渔村的地方，可以在建筑或者街巷发现以前的人在过去做的很多独创性的尝试，同样这种有趣之处我们也可以在团地住宅区里做出类似的解读。

图1-12 "千里青山台住宅区"从C32栋看向点状式住宅区中为适应地形而产生的景观

金泽海滨城篇

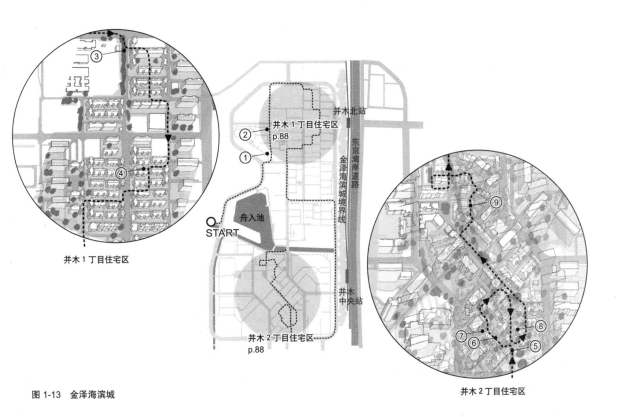

图 1-13　金泽海滨城

金泽海滨城（以下简称为"金泽 SST"）是一个由填海造地开发而成的团地住宅区，它是横滨的六个主要建设项目之一（图 1-13）。规划将工厂从横滨市中心搬迁，并为工人建造住房。此项目于1981 年完工。在残留着夏日温度的初秋，从京急富冈站一直延伸至海边，映入眼帘的新城在城市中蔓延开来，每个街区（丁目）的规划思想和特征都不一样。该住宅区主要位于并木 1 丁目和并木 2 丁目的周边，是通过填海造地诞生的（图 1-14）。

让我们一起探索这个建立在一片具有很高自由度的平坦土地上的新城设计理念吧。

图 1-14　金泽海滨城全貌图

图 1-15　在并木 1 丁目、购物大道和住宅楼之间的绿化带，层山叠嶂般将道路和住宅区分割开来

平地上建造新城的设计思考

冷漠的景观设计

——从并木 1 丁目的新城中心的北侧，沿着主要街道向北行走，前往富冈东中学和横滨市并木第一小学^(p.88)（p.88）。

S：这是从外环路（图 1-13 ①）进入住宅区的地方。这个住宅区基本上都是由纵向轴线通向每个住宅楼（图 1-13 ②），只有此处是允许机动车通行的环路。前面的中学到小学的区域虽按照当时的规划设置了专用人行道（以下简称为"人行道"）。但现在南侧已经变成车行道了。

Y：将街道与住宅区分隔开的绿化带真是多种多样。感觉分隔得很明确。如果是公团住宅的话，会在此宽度的一半左右进行绿化，将街道与住宅区空间自然地衔接。像这样的层次分明让人强烈感受到这是一个被"城市规划"了的空间。

S：可以说整个并木 1 丁目都是这样规划的。从小的道路空间到大的城市规模，像是在城市上空铺了一张"渔网"，映射着城市规划的形态。但看起来绿化带和小丘陵被规划得过于死板，且不方便居民使用。他们在绿化带的一角种上了自己的迷你花坛。

Y：在这些道路中分布着一些垃圾回收点，这样虽然的确发挥了它们的功能性，但总让人感觉到一丝空虚和冷漠。

S：公园也看起来有点不太协调呢。你看，在 20 世纪 60—70 年代建造的团地住宅区中，设计师通常会将他们的创造力用于设计公园和游乐场的设施中，但是在金泽 SST 中反而能感受到设计师将精力花在了街道上。虽然城市设计的"渔网"一直渗透到了住宅的小巷深处，但住宅和小巷深处之间的通道的公私区分是暧昧且捉摸不定的。能感受到设计师在建筑上花了相当大的功夫，但对既不属于建筑又不属于公园的绿地跟植物的处理却让人颇有距离感。

索然无味的平地

S：和绿化带的宽度一样，并木 1 丁目的住宅楼之间的场地高度也是不够明确的。每当我来拜访，都会注意到住宅楼之间的土丘状绿化带（图 1-15）。土丘状绿化带建在停车场后面并不是为了划分区域，而是给人一种"差不多用绿地把空白处填满即可"的随意感。并木 2 丁目似乎还一边进行土地平整的时候，一边考虑了如何将绿化空间与建筑物更好地衔接，像"千里青山台团地住宅区"^(p.42)（p.42）那样的丘陵上住宅区的起伏，连接了旧山脊以及原始地形。但在并木 1 丁目里则是直接把建筑放了上去，感觉像是有起伏的皱纹。

Y：这一点跟山坡上的新城不一样。

S：对于我们做园林设计的人来说，总会事先想象场地的原始地形，若是斜坡，则会思考如何将其平整出住宅的地基平面。但金泽 SST 则在原本平整的地面上加入了起伏。

Y：对于千里新城来说，是由于原有地形的巨大起伏难以平整、干脆还是保留原状的无奈之举。

S：对，即使金泽 SST 原本的意图是建造一座土丘，但这个意图实在令人费解。比如是为了种植高大树木而堆起的土丘或是别的原因，如果没有合理的形态解释，看起来就只是不明所以的隆起。对此再过度解读的话就会妨碍思考了。

Y：道路可能也是这样。道路上的花坛笔直又规则地排列，就会让人想象其下水管道的样子。虽然这里是填海的土地，没有这种情况。但在"小巷"这样的道路中 (p.92) 就有这种感受。

通过并木 1 丁目
观察城市设计中的团地住宅区

面向城市周边区域的营造方式

——来到了住宅楼低层住户区域，从整体规划到住宅楼的设计都是由建筑师槙文彦⊖设计的（图 1-13 ③）。

S：这是金泽 SST 最开始进行规划的地方。平顶的三层楼房将街区围合，其中有一栋是按照 N-S 组合布局的坡屋顶的两层高联排式住宅楼⊖。根据原本的规划，周围的车行道将是一条仅供行人通行的林荫大道，两旁分布着商店、诊所和公民馆。但由于规划有变（住户数量的增加），专用人行道改成了车行道，公共设施建筑改成了住宅楼，也就是上述围绕着街区的南北轴 (p.93) 联排式住宅楼，最后好不容易保留了位于十字路口的集会所和医院。

Y：虽然看起来南北轴线上的住宅楼与街道几乎无缝对齐了，但偶尔也会有断续的地方，最有趣的是，可以从住宅楼之间的缝隙瞥见位于街区中的联排式住宅和庭院。沿街的建筑物是平顶，内侧是坡屋顶。冷静地思考一下，其实根本不必使用不一样的屋顶，店铺的四边形屋顶和住宅楼的三角形屋顶掺和成一团显得非常杂乱。为什么不全部设计成四边形或三角形呢？

S：虽然这样的设计较易处理雨水，但对于住宅空间来说，留出一些屋檐会更好吧？

Y：如果是这样的话，外围一圈都用坡屋顶也可以吧。

S：确实是这样。在这里好像是表达对旧城区的怀旧之情。外部用平屋顶打造了新的现代城市风光，而内部却是老式的三角屋顶……

Y：住宅单元本身的设计并不全是现代的，还保留着一些之前的类似长屋形式的古典元素。就像美味的汉堡一样，表面酥脆，但掰开时肉汁就会从中冒出来。可能是想烘托出这样的味道吧。

S：可能是。坐落在南北轴线上的住宅楼，若将其中一栋单独出售并转换成商店或餐厅，让其中的居民实现职住一体化那将会很有意思。

⊖ 槙文彦，建筑师。除了设计了"东京都立体育馆"等公共设施外，还设计了"代官山集合住宅"之类的集合住宅。团地主要作品有"都营多摩新城南大泽住宅"和"百草团地住宅区中央设施"。

⊖ 联排式住宅楼，指由几幢二层至四层的住宅并联而成有独立门户的住宅形式。

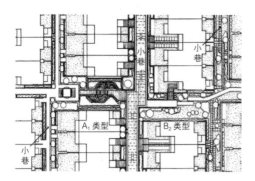

图1-16 并木1丁目——槙文彦所设计区域的总平面图。包含马路，小巷与广场的网络

图1-17 并木1丁目——槙文彦所设计区域的广场。住宅楼之间的小路里扩宽的一部分空间，形成了一个小型广场

城市设计与住宅区

——进入被南北轴线上的住宅楼围合的联排式住宅的区域。（图1-13④）

S：南面和北面的联排住宅的玄关入口彼此相对，在这中间有一条人行道被称为"小巷"[p.92]，N-S 组合的住宅楼之间也是同样的处理方式。既有狭窄的"小巷"，也有可以种植行道树的宽阔"小巷"，宽度和构成要素多种多样。与此同时，在入口对面的南北栋和东西栋之间还交织着一条"后巷"。这条后巷的视野十分开阔，交叉路口是一条弯折道（图1-16）。N-S 组合的住宅楼之间的道路也根据情况在"后巷"设计这样的弯折道来处理。

Y：与其说是被规划，不如说可能是凭"在这里放置一个公园感觉挺好"的这种直觉而建造的……

S：另外，在南北轴线的住宅楼后面，南北方向上有一条狭窄的小巷。营造出一种深巷的氛围，使得闲杂人等不敢贸然闯入或通过此路。

Y：反而有一种想要通过此地的感觉。

S：（在深巷里散着步）哇，这个池塘里有金鱼呢……感觉只比院子稍大一点的广场更易于管理（图1-17）。

Y：一个有逻辑的规则可以将全体空间整合在一起，只要遵循了这个规则，即使在道路上设计一些弯折道稍微破坏整体构成也无伤大雅。

S：我不知道槙先生是否有意去打破这种构成，但即便如此，整体构成也十分地清晰明了，令人感觉舒适。

Y：关于并木1丁目的设计，槙先生当时是这样解说的⊖，规划、布局、建筑设计和景观设计不应该由几个团队各自依次执行，而应由一个团队统一筹划。布局规划和住户单元以及相关设施的设计之间始终密不可分。槙先生说这是一种城市设计的方法，回想起来，这与我在千里新城住宅区中感受到的公团住宅的设计理念有异曲同工之处，值得细细品味。

⊖ 常规的住宅区设计中，各个团队按顺序分担从基本规划→布局规划→建筑设计→景观设计的工作，但这里不仅限于此方法，而是由一个团队负责打造整个街区的形象，包括道路的形式、城市景观的构成、广场及绿化的布局方式，甚至是细部的推敲，在构成整体形象的基础上，重要的一点是从最初规划时开始贯彻同一个概念，因此，布局规划和住户单元或相关设施的设计始终紧密关联在一起的，从而让设计相互作用，相辅相成。（"城市住宅 8110 号""金泽海滨城低层住宅区实施规划"）[→文 3-26]

通过并木 2 丁目
了解团地住宅区的处理方式

——从并木 1 丁目开始向南走到并木 2 丁目（图 1-18）。并木 2 丁目的特点是它的专用人行道（以下简称"人行道"）。一部分的人行道相对于并木 1 丁目东西南北的网格坐标线倾斜了 45°。这条人行道面向的四个区域分别由四个建筑师（神谷宏治，内井昭藏，宫胁檀，

藤本昌也）规划。

人行道处理方式的区别

Y：首先，沿着人行道（图 1-13 ⑤）行走，同时观察一下四个建筑师所负责的区域分别是如何跟公共道路相互连接的吧。以道路的地平面为基准的话，无论是哪个区域，住宅地基都被提高了 50 厘米左右。这是为什么呢？

图 1-18　并木 2 丁目团地住宅区的路线

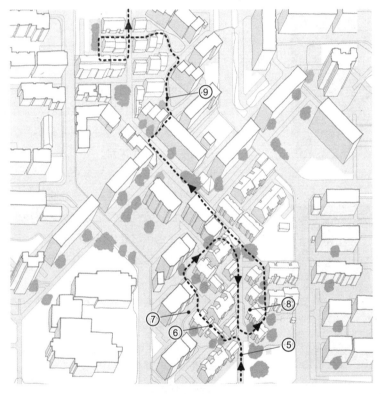

图 1-19　并木 2 丁目走向内井区域的道路，斜斜地插入专用人行道并在尽头拐弯

图 1-20　并木 2 丁目内井区域的散步小路，栽植和假山不经意地确保了私密性

图 1-21　并木 2 丁目内井区域内住户的院子前的一片草地,是介于公共和私密的中间区域

图 1-22　并木 2 丁目内井区域内,石板小路像动物会出没的小径般通往后门

图 1-23　并木 2 丁目内井区域内,草地上发现的盛草筐,是为了道路附近居民除草的设施

图 1-24　并木 2 丁目宫胁区域住户的玄关前,和内井区域相比,草地被隔开的处理让人印象深刻

S： 是因为要确保隐私吧。由于人行道的公共性较高,因此稍微增加了住户的地面高度,使得路人无法窥探到屋内。即使是低层住宅楼,面向道路的白色山墙也会有压迫感,所以还是需要将空间稍微分隔开来。在这四个建筑师中,内井先生设计的较大进深的住宅楼,给人留下了深刻的印象。(图 1-13 ⑥)

Y： 不像并木 1 丁目从街道单刀直入,而是稍做倾斜,再加上利用途中道路的弯折,将视线遮挡。(图 1-19)。宫胁先生设计的住宅楼则从住宅入口的三角形前院一直可以看到最里面的后院。虽然抬高的地面与道路形成了一定高差,但一旦步入场地,就能立马感受到被环境所接纳。内井先生所负责的区域就不是那样的,有让人不疾不徐地深入其中的感觉。槙先生的并木 1 丁目,虽然本质上不一样,但把这两种方式都考虑进去了。在小巷里散步时,我感到内井先生和神谷先生意图让人从大街上直接进入其中,藤本先生的区域让人从缝隙处进入。而宫胁先生的区域则是让人从一个更加特殊的地方到达。

S： 内井先生和藤本先生最大限度地利用了场地进深较大的特点,因此营造出一种后巷的内部空间印象。

Y： 我想知道内井先生和藤本先生所负责的区域当初是怎么分配的。

S： 是啊……此外,虽然景观方面考虑到了连接广场和公园的动线轴,但意外地表现得很模糊。

草坪究竟为谁而做？
内井昭蔵、宫胁檀的区域

——首先一起走进内井昭蔵设计的区域。像小巷一样的通路像是将绿地缝合起来，一直延续到深处（图 1-13 ⑦ ）。

S： 内井区域的有趣之处在于，颇具后巷感的小路到达住宅区最深处然后绕转，再连接到大路，营造出一种深巷的氛围。

Y： 由于住宅楼刚好相对人行道倾斜了45°，因此形成了三角形的空地。通过向人行道展开的绿地将人的动线引进来。周围的土挖开筑成土堤，同时做一个弯折道，给人以小径的印象（图 1-20 ）。包含了土堤的高差在内，室外的空间井然有序。

S： 由于空间上的排布类似，让我想起小时候住在公团里的带阳台的小楼。就像是风从住宅楼间拂过，在树荫下的草地上铺上草席尽情玩耍的感觉。刚才的并木 1 丁目则没有一处让人有铺上草席的欲望。

Y： 的确。

S： 自己的院子通过延展保证了隐私的同时，还能招待邻人。它不同于带有娱乐设施的游乐场和美国式的前厅花园⊖。小孩子们可以带一些玩具来这里玩耍，对他们来说是一个非常快乐的空间（图 1-21 ）。

Y： 从住宅院子的门口处开始，一条石板小路连接到小巷，将动线都交织在一起，实在是很有意思。看起来像是一条野兽会出没的小径（图 1-22 ）。

S： 并木 1 丁目的区域里，虽然住宅楼之前和公园周边整齐地排列着树木，但是孩子们不太喜欢在这些地方玩耍。在这里，居民们反而可以发挥自主性来利用这些空间。这个土丘似乎在吸引孩子们前来玩耍，不知道大家是否领会了这个意图（图 1-23 ）。

——继续前往宫胁檀负责的区域（图 1-13 ⑧ ）。由于房间布局而形成的三角形草地散布在各处。一旦踏入这个区域，明显能感受到和内井区域完全不一样。

S： 对于宫胁区域的印象就是在入口附近有一个三角形空地。建筑物的印象反而看起来不像宫胁先生的风格……

Y： 作为集合住宅来看，我认为还是很有宫胁先生的风格。建筑和外部是完全分隔开的。好不容易房子前面有一个漂亮的草坪，却还是在上面放置了栅栏，并用灌木将其与小巷分开……（图 1-24 ）

S： 确实，这个草坪的私密性太强，让人不敢随意踏入。

Y： 最好用草坪来代替特意种植的灌木，可以放置一些平台或桌子让人随意使用。就可以吸引人们进来，其实只要把围绕的植被去除就会变得更好了。

S： 或者相反，不将通道的出口引向这里，这样相当于把围挡移到那头。

Y： 好不容易有一片草地却感觉很局促。好吧，也可能是为了响应居民的诉求。

S： 和早期的大阪府营团地住宅区一样，虽然设计了一个庭院式的绿地，但并没有达到活用的状态。不像是"新千里东町团地住宅区（公团）"那样经过深思熟虑的⁽ᵖ·⁷²⁾。

Y： 果然，内井先生似乎比宫胁先生的手法更加老练。

S： 内井先生区域的土堤之所以好，是因为住宅内侧密密麻麻地种植了绿植以确保私密性，而小巷的那一侧则相当开阔。

⊖ 在面向街道的私人场地上建立的庭院。是住宅的"脸面"，同时它在景观中扮演着半公共性质的角色。

图 1-25　并木 2 丁目藤本区域住宅楼的楼梯间侧的外观。由于日照很充足，毫无处于背面的感觉

Y： 你去过"公共城市星田"⊖吗？朝着北方向，地势逐渐下降的独栋住宅区，其中有由坂本一成先生和宫胁先生分别设计的区域。双方想表达的东西都十分相似，但当走进住宅区时，明显感受到坂本先生的区域更胜一筹。不仅利用了像"千里青山台团地住宅区"中的倾斜的地势，还使布局和平面形成了相互呼应的关系，从而设计出得体的外观。与此相比，宫胁先生给人的印象是设计道路就只顾思考路线。设计城市景观就只考虑屋顶的形状。

S： 是这样吗，宫胁先生的建筑一直给人一种特别关注人体尺度的感觉……

Y： 确实，宫胁先生参与了从总平面到房间布局的所有设计，所以看起来设计过程似乎是相互联系的，但景观和建筑物之间却没有互动，每个阶段都是独立的。

在从地形到房间布局中存在多种多样尺度的情况下，全部交由建筑师来完成则未必能够"全盘考虑"，即使建出来了也不知道是否合适。

S： 的确，建筑师可以把一栋住宅设计得整体而各部分又自然地相互关联。但在诸如集合住宅之类的大规模建筑中，如果不下意识地去思考，则无法让它们产生联系。所以，相比独自构建的宫胁先生，我们对考虑了整体并将空间联系起来的内井区域更感兴趣。

面向住宅区的正面
藤本昌也的区域

——藤本先生的住宅楼，从沿着人行道抬高了 50 厘米的地基上的中层住宅楼的间隙

⊖ 大阪府住宅供给公社和积水住宅公司开发的住宅区。坂本一成、山下和正、宫胁檀等人参与了此次规划。这些建筑充分利用了丘陵地的地形并形成了一个住宅区。

图 1-26 并木 2 丁目藤本区域住宅楼的阳台外观，强调水平线的简洁外观

里进入。最里面有一个被中层住宅楼围合的土丘（图 1-13 ⑨）。

S：面向土丘的中层住宅楼的氛围跟其他建筑略有不同。楼梯间式住宅楼的入口一侧通常被设计在背面，但在这里完全感觉不像是在背面。在这一侧有阳台，满溢着生活感（图 1-25）。

Y：感觉真的很棒。由于从北向南旋转了 45°，因此早晨太阳升起的时候，北面也有阳光照进来。

S：通过旋转 45°，北侧不会完全位于背光面，这样两面都可以使用。……仔细思考的话，南北轴线的住宅楼也可以这样处理吧？

Y：是的。如果不同时考虑总平面和内部房间布局的话，就难以达到如此效果。在藤本设计的其他团地住宅区⊖中，从土地平整到房间布局的设计不是单向的线性过程，每个设计阶段都相互包含相互反馈，从而归纳总结。

S：在土地平整－布局－住宅楼之间往复思考的方式正是团地住宅区设计的精髓所在。

Y：在房间布局里看不到的地方也下了功夫。在普通楼梯间式住宅楼类型中，一般玄关设置在建筑物的最里面，而楼梯平台设置在正面。此处却翻转了过来。正因为如此，从正面就可以看到明亮的玄关，从而消解了楼梯间式住宅特有的玄关前方狭窄昏暗的问题。通过将门、配管间和仪表箱分开，玄关周围的区域就变得更整洁，并且有足够的空间放置盆栽来点缀。

S：将住宅楼旋转 45°，并处理好玄关和配管间的布局，从而削弱了前后空间的差别，让后方也具有前方的要素。形成了"超级楼梯间"。

⊖ 在面向街道的私人场地上建立的庭院。

Y： 从20世纪90年代开始，公团团地住宅区逐渐从标准设计变成允许自由设计，团地住宅区的设计就变得越来越乏味了。例如，"东云CANAL COURT CODAN"＊里的每个房间布局虽然很有趣，但是从团地住宅区整体上看的话趣味性乏善可陈。如果尝试设计出完全与众不同的东西的话，那么它可能将不再是一个"团地住宅区"了。在原有的地形、有限的预算和标准设计的限制下用智慧凝练出的设计思路，例如，这里是通过配管间和玄关处的巧妙布局，才会让你感受到团地住宅区的妙处所在。正是因为有所束缚，才造就了这样具有独创性并且层次丰富的空间。

S： 这个楼梯间给人不像是在背面的感觉。如果徜徉其中慢慢体会的话，便能逐渐理解其妙处，有一种"啊，原来是这样"的感觉。那正面是什么样的呢？

Y： 从正面看就像是一个普通的团地住宅，但实际上，每个住户单元的横宽更长，总感觉要比其他住宅更为舒适（图1-26）。

S： 的确，伫立着的样子就是一个团地住宅。但仔细观察这个楼梯间，会发现边角上是没有柱子的，所以感觉看起来更像是正面（图1-27）。来的次数越多就会了解得更深入，会因此沉醉其中。

图1-27　并木2丁目藤本区域住宅楼的短边方向的外观。阳台等地方表情十分丰富

第 2 章

解剖团地住宅区

——空间的解读方法

地形

——"放置"团地住宅区的场地

基础地形

第二次世界大战后，人们的生活逐渐恢复了正常，为了追求更富裕的生活而迎来了经济高速增长的时代。在东京和大阪等城市圈，即使城市的范围覆盖了郊区的平坦土地，住房依然供不应求，只好继续扩大到平原的周边以及郊区的丘陵（图 2-1）。城市周围的高原边缘和丘陵上有村庄和耕地，里山和杂树林遍布其周围。里山和杂树林大多分布在山脊和山谷等起伏跌宕的地区，这些都被看作是开发新城的"未使用土地"。

然而，将这些土地转变成新的城镇并不是一件容易的事。要进行比现有的住宅区范围更大的开发，并且在比低地和高原更"顽固"的丘陵地形进行更大规模的土地平整工程，就必须搬运和处理大量的土壤。建造一个新城市所用到的土地平整、道路排水规划等土木工程技术，也是城市规划未曾触碰过的领域。

日本的新城（New town）的特征——与英国的差异

在日本，许多住宅区都建造在城郊的新城。将这些新城与新城发源地的英国进行比较的话，我们可以通过城市规划、土地的国民性以及对于新城各方面思考方式中看到日本的独特性。

1. 英国的城市规划与新城

与日本不同，英国的新城开发是结合整个城市（国土）的开发制度进行的，对无序的住宅开发与城市蔓延⊖进行了规范。用于供应新住房的新城也因为受到大范围的限制而井然有序。但日本在新城开发的时候，由于开发制度与绿地规划的不完备，导致城市绿化带的缺失和铁路沿线的无序开发等诸多问题产生。

图 2-1　往郊区蔓延的城市
这是一张横滨市中区本牧地区的照片，本牧地区在第二次世界大战后被美国军方作为住宅征用地。可以清楚地看到北侧蔓延到山谷的住宅与南侧的美军住房区域（兵营）之间的密度差异。中间的汉字"山"字形空间是美国军方高级官员的住所，现在的本牧山顶公园

⊖ 城市蔓延（urban sprawl）
城市区域不是停留在一定范围内，而是以无序、无规划的方式扩张，特别是住宅区。被城墙围合的城市像是被框架圈定了范围，但是在亚洲型城市和大规模的城市圈中，没有阻止新城镇发展的物理障碍（自然环境条件除外），而在英国这是被法律所限制的。

2. 水稻种植和畜牧业

在英国，新城的（图 2-2）地势有平缓的起伏，许多是从牧场（草地和放牧场）开发而成。他们将斜坡保留下来，并将建筑地基尽量缩小在建筑面积（建筑物的垂直投影面积）及其周围区域，使得土地平整施工范围相对较小。（意图让人们浮想起《阿尔卑斯山的少女》中的开始画面：一座房子伫立在平缓斜坡上的景象）。与此相对，地形陡峭的日本，一般会在建筑面积的基础上平整出更大范围的住宅地基（图 2-3）。这个背景源于，"日本不是有水田耕作的文化吗?[→文2-1]"。在水田耕作中平整秧田⊖的时候，"平铺"在地面上的水自然而然地形成严格的水平参照。这也许是日本土地观念的根源。

3. 开放型的新城

英国的新城开发思想继承了"田园城市"⊖的 DNA。田园城市的目标是成为职住一体，在某种程度上实现生活"完结"的城市。

然而并没有为人们熟知的是，英国的新城意外地属于开放式体系（open end）。对于火车站和公共设施等面向城市的中心，其周边地区并未对其完全"封闭"。新城的土地沿着平缓的坡度延伸到湖水，或上升至周围放牧的牧草地以及原野，与水以及绿地的周边空间相连。这些场地也成为新城居民的周末娱乐场所［参见米尔顿·凯恩斯的"马"和"船"（图 2-4）］。

日本的新城也把田园城市作为参考。至少在形态上英国的新城和住宅区成为日本城市近郊住宅区规划的样本。但同时，国民性的差异也在生活和适应度中充分地体现了出来。

⊖ 平整秧田
　春季，在挖出干燥的稻田土进行"耕田"后，给稻田放水，将土粉碎并将其表面平整的一种作业。当然平整秧田是为了耕作，但将放水后规整水平面的作业与住宅地的地基联想起来也不是难事吧［武内（1991年）→文2-1］。
⊖ 田园城市（Garden City）
　埃比尼泽·霍华德（Ebenezer Howard, 1850—1928）提倡的理想城市构想。目的是在以农业、畜牧业为主流的城郊建立一个职住一体的自治城镇。已建造了莱奇沃思（Letchworth）和韦林（Welwyn）两个城市。"田园调布"也是以田园城市为范本打造的。

图 2-2　英国的新城（上）1964 年伦敦绿化带的布局（下）
1975 年时整改过的英国新城一览图

图 2-3　在斜坡上伫立的住宅（左）和水平的住宅地基（右）

图 2-4　米尔顿·凯恩斯的"马"和"船"
郊外的新城米尔顿·凯恩斯（Milton Keynes）周边仍有一片放牧场，新城里有一条骑马专用的小路。不仅有警察骑马在街上巡逻（上图），在前面车站还设有一家马具运动用品商店。沿着山坡一直往下走就是附近的河道，也可以在狭船上度过美好周末时光（下图）

"地形"的约束，"农业"的束缚

1."地形"的约束

日本新城的开发一直受到地形和地质条件的约束。处于丘陵地带的新城，许多土地的地形比较险峻，并且在地质条件中包含了滑坡等自然灾害的风险性。但可以通过"雕刻"水平面，利用挖方以及填方⊖来进行土地平整，从而保证生活地区的安全以及稳定性。

例如，在高藏寺新城(p.60)中包含了古生界地层外露的被判定为"开发困难的土地"。高藏寺新城北部的"高森台团地住宅区"(p.62)的住宅楼是按照高层—中层—低层从山脊到山谷排列的基本方针来布局，最顶部的古生界地层的山脊则不用于开发，将其保留为绿地（高森台公园）。在绿地周围，分布了高层的点状式住宅和沿着斜坡的板状式住宅。其次，在南部的"高座台团地住宅区"(p.64)，也将古生界地层的山脊进行了土地平整。在平坦区域有限的情况下，住宅楼的布局和形状⊖必须经过深思熟虑。要克服这些地形约束，需要使用高质量的建造技术和重型机械等作为支撑。对丘陵地带进行土地平整时，当时技术的质量和规模仍然受到很大限制，因此施工的时候如履薄冰。但可以称其为（非目的性的）"土地平整山成工法⊖"的开创者，为营造一个郁郁葱葱的环境做出了贡献[→文2-2]。

2."农业"的束缚

处于丘陵地带的里山从城市规划的角度来看，属于"未利用的土地"。确实没有建造住宅楼，也没有作为农田使用。但实际上，里山在地区的农业生产方面发挥了重要作用。在关西地区特别显著的是农业用蓄水池的分布。用蓄水池和池塘来保存下游处水田耕作所需的水源，这种近代之前的农业生产方法及其背后隐藏的土地的"权利"（所有权、水权）等问题在大面积新城和住宅区中都不能用寻常的办法来解决⊜。

但是，这种"束缚"也不全是负面影响。该水权网络的存在反而在一定程度上保护了新城的自然环境和景观，产生了一些积极的影响。

⊖ 挖方以及填方
在日本，为了在城市附近起伏的丘陵地带开发新城，必须将山脊削平并用所产生的土和沙（挖方）来填充山谷（填方），以创建可利用的平坦土地来做"地基平面"（其他是无法用来做道路和土地利用的斜坡）。乍一看，地基平面是安全稳定的，但其特性取决于其土地平整的"经历"[请参阅高桥学（1996年），→文2-3]。

⊖ 请参阅第3章高藏寺新城（p.60）。

⊖ 土地平整山成工法
农田整治的用语。削掉当前地形的山脊部分并填平山谷以整理出平缓坡度的土地的施工方法。"山成工法"相对于保持原有地形的坡度而整理出地基（田地）而言，在整治后可以确保较大的有效土地面积，但同时需要更多的土方量和成本。如果坡度较陡，则会选用土方量较少的"阶梯工法"，但阶梯坡度会增大。这使人想起之后的新城（与图2-5相关）。

⊜ 用普通办法解决不了的课题
在早期的千里新城，为了让周边农村的农业能继续发展下去，规定"可以出售新城规划用地，但不出售水权"。因此，必须在新城内保留一个大型蓄水池，而建设、道路和排水等诸多规划必须要根据和该蓄水池的水面关系来决定（参照p.25注释⊖，→文2-4）。

◳ 土地平整工程

——团地住宅区如何突破地形的制约以及农业的束缚

那么，新城区建造的团地住宅群是如何突破地形的制约和农业的束缚呢？

调整住宅地基的地形

为了确保能在起伏不平的丘陵地带上形成可以建造大量房屋的水平住宅地基，需要对地形进行挖方和填方以及土地平整等一系列的工作，但是，如上文所述，在刚开始的时候土地平整的自由度较低。

地形与土地平整之间关系（图 2-5）可以大致分为三部分。

1. 与地形的"纠葛"和制定规则的时代

20 世纪 50 年代，在新城和团地住宅区的开发早期，住宅供应是作为一种必要的"社会资本"。但当时的土地平整施工技术的安全性和经济效益还很有限，因此一直致力于提高规划和技术的水平。例如，把美军基地的住宅建造规划和设计的技术用到新城开发中，或者把世界银行的项目"爱知用水"的土木、预算技术运用到千里新城的设计说明书的架构中去[⊖]。支撑技术和安全性的经验逐渐丰富，施工方法也大幅增多。

2."克服"了地形制约的时代

随着技术的发展，新城开发对象的范围也扩大了。受原始地形的制约减少，之前的技术下无法开发的地形、地质都变得可以开发。与此同时，挖方、填方量和土地平整量也随之加大，但是同时也产生了进一步的问题。例如，大规模挖方、填方的结果是，出现了不能用现有的栽植技术来绿化的岩石层以及表层土壤稀薄的填方地。这种对于"在难以种植的地方进行栽植"的技术开发的需求，奠定了现在的环境绿化技术的基础[→文 2-1]。

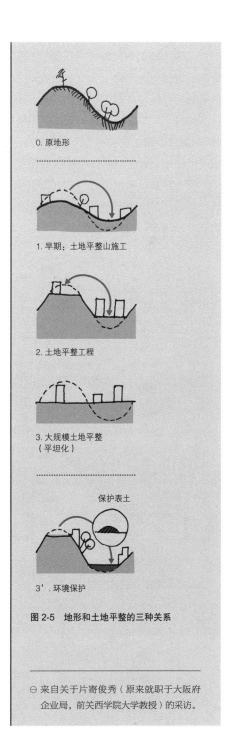

0. 原地形

1. 早期：土地平整山施工

2. 土地平整工程

3. 大规模土地平整（平坦化）

保护表土

3'. 环境保护

图 2-5 地形和土地平整的三种关系

⊖ 来自关于片寄俊秀（原来就职于大阪府企业局，前关西学院大学教授）的采访。

3. 再次进入地形开始具有"意义"的时代

对于上述的环境绿化技术，武内认为真正意义上的"环境绿化"不是"在困难的地方进行种植"，而是"不建造无法种植的环境"[→文2-1]。不是在规划开始后用技术来补救，而是通过解读土地的特性，事先使用技术来减轻之后产生的难题（例如保护表土⊖等）。这句话预见性地在近年来我们经历的大规模自然灾害也表露了出来。阪神淡路大地震中木制住宅区的"完全破坏区"就地形分类而言位于旧河道[→文2-3]，在东日本大地震后的新城区的丘陵地区，与挖方的地基相比，填方的地基接连发生了坍塌[→文2-5]。另外，在遭受海啸灾害的沿岸地区，"滩脊"⊖的微妙起伏也带来了受灾的差距。我们认为已经克服了的原始地形在时间的流逝中随着灾难的发生重新"浮出水面"。近年来，通过预先了解并利用这些自然环境的特征来开发城镇，住宅的"绿色基础设施（GI）的概念"也逐渐得到了认可（图2-6）。

⊖ 保护表土
例如山谷的填方地，在山脊的挖方工程时进行保护表土的措施，在填方结束后撒上表土，这样可以改善种植基盘的环境条件。虽然现在进行大规模开发是理所当然的，但是"事后利用技术解决，不如事先利用事前的规划减轻问题"的方法也逐渐成形。

⊖ 滩脊
滩脊亦称"沿岸堤"。是由于海浪的侵蚀，以及沙子、砂砾和贝壳碎屑等物质的堆积，与海岸形成近乎平行的堤状堆积。沿岸的传统聚落或街道大多数建立在滩脊这种地形之上。在东日本大地震中，滩脊上的传统聚落虽然底层部分受到了海啸的冲击，但建筑物还是存留了下来，而在低洼地建造的新住宅则受害严重。

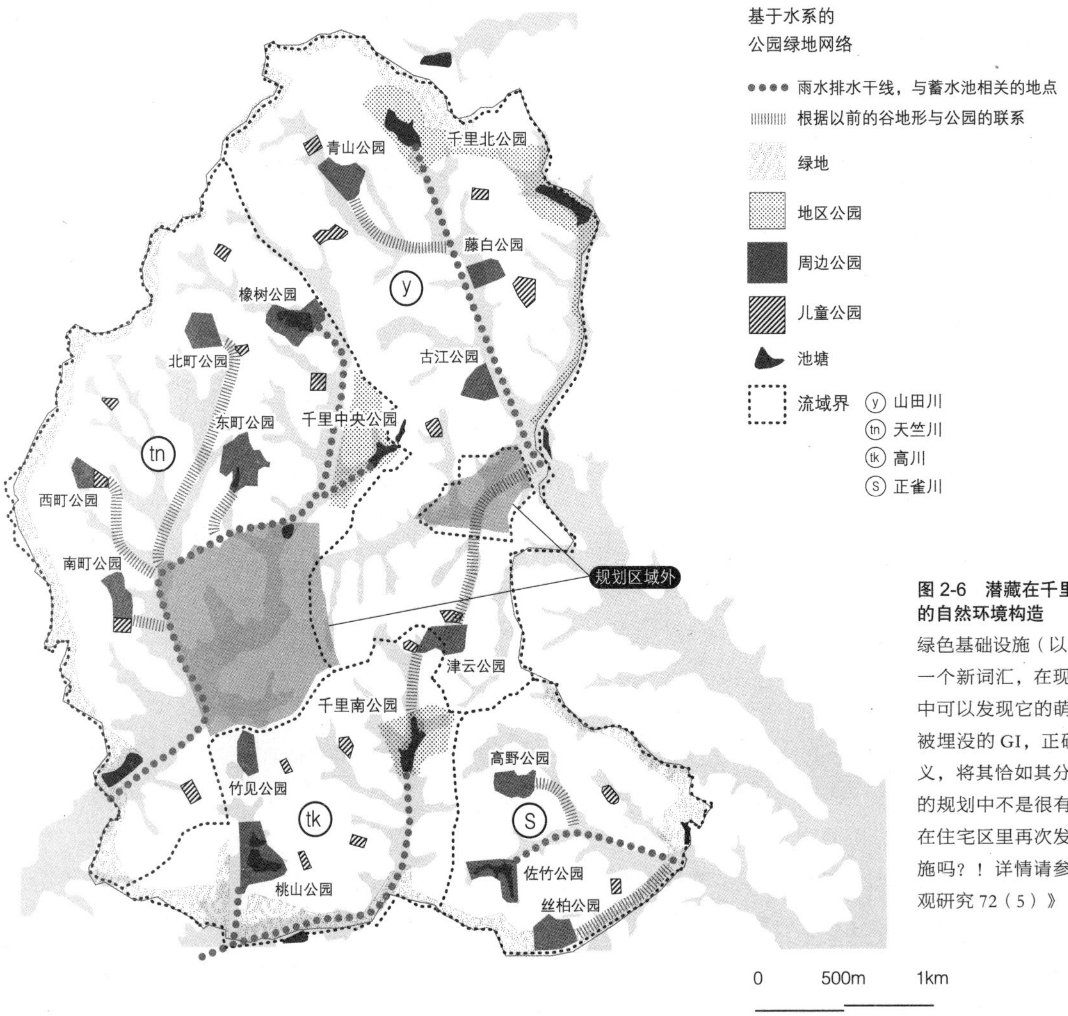

基于水系的
公园绿地网络

●●●● 雨水排水干线，与蓄水池相关的地点
||||||| 根据以前的谷地形与公园的联系
绿地
地区公园
周边公园
儿童公园
池塘
流域界　ⓨ 山田川　ⓣⓝ 天竺川　ⓣⓚ 高川　ⓢ 正雀川

青山公园　千里北公园　藤白公园　橡树公园　北町公园　古江公园　东町公园　千里中央公园　西町公园　南町公园　规划区域外　津云公园　千里南公园　高野公园　竹见公园　佐竹公园　桃山公园　丝柏公园

0　　500m　　1km

图 2-6　潜藏在千里新城公园位置的自然环境构造

绿色基础设施（以下简称 GI）是一个新词汇，在现代社会的发展中可以发现它的萌芽过程。发掘被埋没的 GI，正确理解 GI 的意义，将其恰如其分地反映在当代的规划中不是很有必要吗？可以在住宅区里再次发现绿色基础设施吗？！详情请参照筱泽等《景观研究 72（5）》[参照→文2-6]

挖方填方工程的基本——与地形纠葛的早期团地住宅区楼房

如何在有限的预算和工期之内高效地完成预计住户数这种经济性问题，很大程度上影响了团地住宅区的布局和样式。此时，根据范围、时间段来判断效率则变得十分重要。例如，在考虑土地平整工程的时候，挖哪里，填哪里……如何处理不足或者剩余的沙土。这种"土量平衡"（图 2-7）是根据地区内还是地区外来处理，其工程有很大的差别。顺便提一下，早期的新城以"工区"为单位，在住宅区内详细设定了土量平衡，基本上土方的搬运不会越过此工区。

建设机械影响土地平整

在早期的新城建设中，由于能够用于开发的技术有限，因此不得不考虑"以工区为单位的土量平衡"。然而可以说正是由于这个约束，才出现了起伏跌宕的丰富景观。随着技术的发展，如今可以随心所欲地规划高低不平的土地，在"自由度"提高的同时，平整工程的土量和填挖方的深度也增加了。例如，用于土地平整工程的重型机械的种类和数量，在早期的千里新城中是用推土机"推"，用铲车"拖"来进行土地平整，之后逐渐演变成用挖掘机和翻斗车来进行"挖掘搬运"（图 2-8）。在"多摩新城"中，工区的平均土地平整深度有的甚至超过了 20 米。另外在"六甲岛"项目中，依靠传送带和河岸专用的翻斗车队从六甲山搬运土方。当时，神户市的开发主题为"与山海相遇"，与东日本大地震中备受瞩目的"森林是大海的恋人"的主题恰好相反。

适应自然的约束

"效率和技术性的约束保护了地形"这种说法乍一看有些自相矛盾，但在新城和住宅区方面却是事实⊖。在土木工程中，既要考虑效率，又要越过约束，也可以说是灵活运用潜藏在土地里用肉眼看不见的自然环境进行构建。（例如，最省力的雨水排水规划就是"遵从地形"，并将其活用）另一方面，仅用土木技术解决不了的问题，在布局规划和住宅设计方面，可以利用建筑规划和设计的巧思将其"吸收"。解读团地住宅区的乐趣在于这些工序的"一贯性"，团地住宅区如何再生的线索也在那里。

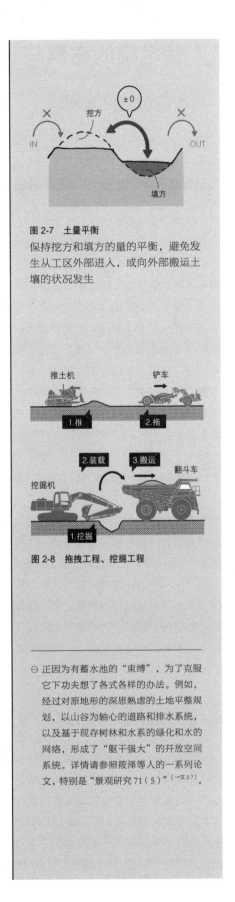

图 2-7　土量平衡
保持挖方和填方的量的平衡，避免发生从工区外部进入，或向外部搬运土壤的状况发生

图 2-8　拖拽工程、挖掘工程

⊖ 正因为有蓄水池的"束缚"，为了克服它下功夫想了各式各样的办法。例如，经过对原地形的深思熟虑的土地平整规划，以山谷为轴心的道路和排水系统，以及基于现存树林和水系的绿化和水的网络，形成了"躯干强大"的开放空间系统。详情请参照筱泽等人的一系列论文，特别是"景观研究 71（5）"[→文 2-7]。

住宅楼的布局与 景观

——中间领域的丰富性

等高线和布局规划——对地形的调整

如果坚定不移地认为规则的平行布局和几何学的房间布局是团地住宅区的特征的话，就会忽略时不时会出现的一些"规则外"的布局特征。仔细观察的话，在标高不同的水平住宅地基重叠覆盖的斜坡和住宅楼布局上，也表现出了原来的地形和土地平整工程的特征。例如，看起来是几何学且平行布局的住宅楼群，在很多案例中都在沿着等高线微妙地"弯折"以适应地形，并未将规则的布局模式"强加在原有地形之上"。特别是在土地平整工程后没有马上进行住宅布局的规划，而是阶段性地进行土地平整和布局的团地住宅区里，这个特征似乎表现得更为明显。在"千里津云台团地住宅区"（p.50）（图2-9）中，在原地形进行"粗略土地平整"和在平整后的土地上进行住宅布局的时候再进行"精细土地平整"之间存在时间差，以及施工主体发生变化的情况下，规划概念会产生微妙的偏差。即使上下的面与斜坡相连接，为何会留下斜坡的理由也能得到不一样的解读。结果就像第3章的案例中一样反映了位置特性、土地平整手法、施工过程不同的住宅楼布局，这些汲取了"个性"的手法孕育出了诸多独特的景观。将丘陵挖平进行土地平整后还残留着挖掘痕迹的原地形中的起伏也随处可见，在被住宅楼填满的住宅地基中，可能还隐藏着曾经斜坡的痕迹（图2-10）。

N–S 组合和围合型的梦幻社区

团地住宅区不仅是住宅楼的排列，住宅楼之间也产生了与现存城市不同的景观。住宅楼之间的"空地"是为了确保日照通风等良好的生活环境而建造的。而且在住宅楼之间的空地上也潜藏着原地形的痕迹和起伏，架空空间等周围的住宅楼也反映出了在设计上的推敲。其结果是带来住宅楼之间的绿地与有系统规划的公园绿地不

图 2-9　"千里津云台团地住宅区"场地内的高差

大阪府企业局的粗略土地平整和经过公团的精细土地平整而产生的高差

图 2-10　在斜坡上建造的"铃之峰第 2 住宅"

前面的"铃之峰第2住宅"和远处的"市营铃之峰公寓"的地基倾斜度不同，因此在此之上建造了适应各自倾斜度的建筑物。倾斜度的差别也反映了岩盘层和地质的差异

图 2-11　"千里津云台团地住宅区"的游戏场地

利用阶梯的高差和住宅楼排列的间隙设置了游戏路线

同，衍生出了作为中间区域的丰富性（图 2-11）。

住宅楼之间留存的中间区域，也饱含了打造社区的意图。但在庭院、N-S 组合（p.58）等规划里构想的经济高速增长期的"社区"，大多还没等到实现就枯萎了（图 2-12）。在最初为了形成社区而设计的开放空间由于私家车持有台数的增加，变成了停车场。例如"千里高野台住宅"（p.78）。结果残存下来的只有公园、集会场等具有明确功能的空间。另外还有连接住宅地基间高差的斜坡则变成既不是景观，也不能作为停车场来使用的"边缘"空间而被形式化。

这样被围合的庭院虽然满怀对社区的憧憬，却缺少实现这个憧憬的方法论（或者说来不及），随着居住者的高龄化和生活方式的变化，庭院空间也不再被使用[→文2-8]。但是，仅仅把这归结于规划的失败或许是不恰当的。可以认为是"形成社区的框架"还未准备就绪。在近几年的团地住宅区再生运动的努力下，这颗种子正在萌芽⊖。

探索团地住宅区的景观

肉眼可以看到的地形特征、肉眼看不到的地质特性、规划意图以及实现过程中的迂回曲折在团地住宅区的景观中都留下了浓厚的色彩。被保护的绿地留下了其特征自不必说，与规划同时诞生的公园和专用人行道也多与原本的地形相呼应。可以说在新城的公园绿地景观中可以发现与城市公园不同的"自然环境和历史孕育出的地域文脉特性"。

日本的城市公园是基于邻里单元理论⊖，以吸引圈⊖为基础，以"均等布局"为方针进行建设的。特别是相对较小规模、靠近居住地的住宅区主体公园，从这个名字上也可以看出人们对"住宅区"的期许。新城就是这个邻里单元理论的典型案例，公园的绿地系统和城市一样，当初也设想了基于吸引圈来进行建设。但企图"在起伏不平的未开发丘陵地带建设椭圆形的邻里单元"的早期新城开发，因为复杂而又难以进行土地平整的地形和农业生产系统的延续等各种各样的困难而未能实现。因而现在新城的公园绿地与城市中"机械化"的功能均等的布局不同，成为能够读取某些深意的具有存在价值的系统。

图 2-12　"千里津云台团地住宅区"N-S组合
以居民交流为目的的空间主要用作停车场、自行车存放处

⊖ 正在萌芽……
　请参照 p.124 专栏 3。

⊖ 邻里单元的住宅区规划理论
　1929 年美国人科拉伦斯·佩里（Clarence Perry）提出的"邻里单元"（Neighbourhood Unit）理论。以小学（教会）为中心，在徒步范围内设置邻里公共设施，目的是形成不被主干道阻拦的日常生活圈和社区。这个理论在日本除了被几个新城采用以外，还影响了邻里公园和街区公园（旧：儿童公园）等，城市公园的住宅区基干公园的布局也受其影响。

⊖ 吸引圈
　这个词在城市公园的布局规划中是表示公园使用者的活动范围，用以吸引距离为半径的圆来表示（吸引距离的标准数值是市区公园 250 米、邻里公园 500 米等）。在公园的布局规划中，为了覆盖对象区域，公园通常会平均分布。

⊞ 住宅楼

——解决状况的"盒子"

状况有多少标准设计就有多少

团地住宅区因其形状被称为"火柴盒"。为了在有限的工费限制下建设大量住户单元，大多都会选择箱型住宅。简洁的外观却涵盖了对于战前未能实现的现代居住生活方式，以及试图制定理想生活标准的渴望和智慧。

公团为了高效率地推进规划的进度，制定了"标准设计"的形式。"标准"这个词留给人的印象可能是，无论哪个时代，哪个团地住宅区都在使用这仅有的几个住宅类型。但实际上标准设计的类型轻轻松松就超过了 100 种类型。另外，很多人认为这是在全国各地统一建造了同样的东西。但实际上，在公司总部制定的标准设计的基础上，全国各地分公司会根据地域特性进行微调，当然也有制定原创标准设计的分公司。标准设计并不是原封不动地接受，而是经过了现场的严格推敲才能被采用，以标准设计为基础，试图做出比标准设计更优质的标准设计(p.34)。

团地住宅区建造的先决条件多种多样。由于预算的关系，只能拿到高差显著的丘陵带的地块，场地的形状也很难保证住宅楼整齐排列。因此，针对每个可能出现的情况进行调整的标准设计便诞生了。其中也有像点状式住宅(p.33)那样，将景观和住户连接起来，一箭双雕地解决多个先决条件的住宅楼。本章将以"状况"的调整作为主要线索来进行住宅楼的解说。

多种多样的"调整"方式

1. 对地形、场地形状的调整

如上所述，团地住宅区的设计并不是像排列火柴盒形状的住宅楼那么简单。因为场地既不一定是方形的也不一定是平坦的。特别是场地在郊区的时期，像千里新城那样的丘陵地带居多，由于当时重型机械等土木技术还不够成熟，不得不在残留着高差的场地上直接设计。

图 2-13 公寓式住宅"花圃团地住宅区"*
被形容为"羊羹""火柴盒"的住宅楼

图 2-14 阶梯式住宅楼"高幡台团地住宅区"*
将楼之间的高度打造成阶梯状，以此对应地势高差的住宅楼

图 2-15 楼梯间分离型住宅"米本团地住宅区"*
调整楼梯间的高度，以应对高差

但这样反而建造出了可以应对各种斜坡的住宅楼。

在有高差的场地上建造公寓式住宅楼（图2-13）的话，底部会产生无用的空间。场地形状也很难做到将"火柴盒"毫无间隙地排列在一起。在形状不规则的场地，如果把方形的住宅楼排列在一起的话，无论如何都会产生难以利用的土地。因此，设计了能够应对地面起伏、即使场地的形状不规则也能保证较高空间利用率的住宅楼。这些建在斜坡上的住宅楼，对于单调的团地住宅区景观起到了点睛的作用。接下来介绍一些具体案例。

"阶梯式住宅"（例如："千里山团地住宅区"*、"高幡台团地住宅区"*）是改变了公寓式住宅的高差，像阶梯一样层层叠起的住宅楼类型（图2-14）。为了适应场地高差，每次设计的形状都不尽相同，所以很难标准化，并难以应对复杂的地形。于是创造出了"楼梯间分离型"（例如："中登美第3团地住宅区"*，"米本团地住宅区"*）（图2-15）。与"阶梯式住宅"不同，这种利用楼梯间来消除高差的类型，只需要定制楼梯，其他住户部分则可以通过标准设计来处理。这样可以很轻松地对应一边弯折一边下降的立体化住宅楼布局（图2-16）

"架空型住宅"（图2-17）是通过将地面和住宅楼分离来消减高差的住宅楼（例如："百草团地住宅区"*、"千里青山台团地住宅区"*）（p.42）。不管地面的形状如何，都可以通过柱子的长度来调整。因为第一层不能设置住户，所以在住户数量上有较明显的缺陷，但是视线和动线都可以从一楼穿过，这对致力于开阔景观的设计者来说如获至宝。

"点状式住宅"（例如："藤山台团地住宅区"*、"赤羽台团地住宅区"*、"湖北台团地住宅区"*）（图2-18）是一种像在地面上散布了一个个小点的住宅楼。因为和地面的接触面积小，所以即便有高差也不会浪费太多空间。土地平整也可以在很小的面积内完成，所以这种类型的住宅在丘陵地带被视为法宝。在"千里青山台团地住宅区"中，通过设置底部架空层进一步消减了高差。由于"点状式住宅"所需的建设面积小，很多情况下会设置在公寓式住宅群中剩下的难以利用的地方。因此，"点状式住宅"大多建在最高处，像山脊或者夹缝空间等边缘地带。

图2-16　楼梯间分离型住宅"米本团地住宅区"*
通过改变楼梯间的角度，实现了一边对应地势的高差，同时沿着曲线进行布局

图2-17　点状式住宅"藤山台团地住宅区"*
建造在将山的顶部削平而形成的狭窄场地

图2-18　架空型住宅"千里青山台团地住宅区"
调整底层架空柱的高度以应对地势的高差

图2-19　"新千里东住宅（府营）"中的围合型布局的内部
用住宅楼将场地围合，把住宅区的里外空间分割开来

2. 对布局的调整

布局规划是团地住宅区设计中最关键之处。为了更好地实现目标，经过布局调整的住宅楼诞生了。

前面提到的"阶梯分离型住宅"也是其中之一。设置楼梯间的方式跟合页的方式类似，使其像蛇的运动轨迹一样在场地上蜿蜒曲折。

布局和住宅楼的关系中最容易理解的是围合型布局。但围合型布局最令人困扰的是，被围合的住宅区容易与外部隔绝。最显著的例子是大阪府营住宅[以下称为府营住宅(p.73)]的围合型布局。用公寓式中层住宅将场地大面积围合，从而建造出车辆无法进入的高隐私性场地（图2-19、图2-20）。另一方面，住宅区作为封闭性的建筑，面向道路的一侧也像是建了一堵高墙，从景观的角度来看不尽人意。另外东西方向的住宅楼因为住户单元不朝南，室内环境也存在一定缺陷。

新千里东町团地住宅区（公团）(p.72)是以住宅楼围绕东西南北的各个方位的庭院来进行空间布局的，同时也设计出了减轻封闭感的新型住宅楼。建造在东西方向的南北轴住宅楼(图2-21)成功解决了采光不足的问题(详情参照第3章)。

金泽海滨城中并木1丁目团地住宅区(p.88)中，中层建筑环绕街区一周，中间排列着低层的联排式住宅。围合街区的住宅楼不像府营住宅那样是线状排列的细长建筑，而是将紧凑的建筑分散成为点状式排列。如果府营住宅像是用实线将场地围合，则并木1丁目团地住宅区则像是用虚线将其环绕（图2-22）。因此，场地内外不仅视线通透，也有利于通风（详情参照第3章）。

3. 对社区的调整

为了应对市中心人口的急剧增长，团地住宅区被大量建造。当时正值经济高度增长期，从小地方移居过来的人们在短时间内聚集在一起形成数千户的城镇，冷静想想真是不可思议。由于这些人并不是自然而然地聚集在一块，能否在突然形成的城市里建立良好的社区环境不得而知。所以团地住宅区也将社区的形成纳入规划的一部分，意图营造出让人们自然地产生交流，从而形成让人放松的社区空间。例如广场式的适度围合空间，人们可以自由来往的开放空间等。住宅楼的设计也为营造这样的空间做出了贡献。

图2-20 "新千里东住宅（府营）"的围合布局外部
住宅楼的布局像城墙一样

图2-21 "新千里东町团地住宅区（公团）"的围合布局
这是鸟瞰的视角，围合部分的一边是开放的，显得整个围合空间较为松散

图2-22 金泽海滨城（并木1丁目团地住宅区）
从外围道路看槇文彦设计的区域。利用点状式住宅呈虚线状将场地围绕的布局

图2-23 "富雄团地住宅区"*利用N-S组合来围合的区域
目的是为了让住宅楼里楼梯间出入的居民可以产生更多交流

最早考虑为聚集人群而建的住宅楼之一是"N-S组合"（例如：千里津云台团地住宅区、富雄团地住宅区＊）（图2-23）。楼梯朝北（N）的住宅楼和楼梯朝南（S）的住宅楼是围绕着广场分布的。为了让居民们自然地聚集在被住宅楼围合的空间里，住宅楼里通常从北侧进入的楼梯间被设置成了从南侧进入。但因为被围合的空间封闭性太强，所以没有想象的那样舒适怡人。

在前一节[p.29]中提到的"架空型住宅"（例如：千里青山台团地住宅区、东丰中第2团地住宅区＊、新金冈第1团地住宅区＊），有时也会采用围合型布局。在架空型住宅里，视线和动线通常可以穿透一层，因此景观会比较开阔并有连续性，此外架空空间也起到广场出入口的作用（图2-24），同时也可以当作有屋顶的广场和自行车停车场来使用。但是，由于架空型住宅的一层不能设置住户，所以从居住户数上来看利用率较低。为了解决这个问题，"楼梯穿透型"住宅楼 [例：新千里东町团地住宅区[p.72]应运而生]。"楼梯穿透型"将原本 N-S 组合从南侧进入的住宅楼换成了楼梯间的一楼南北通透的住宅楼。由于楼梯间可以通过，即使空间被住宅楼围合也没有过多的封闭感。此外，通道部分的二层以上的楼层可以设计成与北侧进入的住宅楼相同的房间布局。

4. 对通风采光的调整

在设计团地住宅区时，当时的房间被要求现代化且能够提供健康的生活，良好的通风采光尤其受到重视。具体来说，为了尽量在更多的房间里设置开口，在房间布局上下了很大功夫，其中大部分是向南北敞开的窗户，包括厕所在内的所有房间都设有窗户。为了便于设置开口部分，在住宅楼的排列方法上也花了不少心思，并在此基础上进行住宅楼的设计。

"星型住宅"（例如：香里团地住宅区＊，常盘平团地住宅区＊）就是显著地表现了这种设计思想的住宅（图2-25）。以楼梯为中心，一层的三个住户排列成字母"Y"，像一颗星星，因此被称为星型住宅。这种类型的住宅可以在三面墙上都设置开口，其独特的形状也成为单调团地住宅区景观的亮点。星型住宅虽然通风采光优良，但考虑到施工费和住户数的话，性价比较低。

在这一点上，可以说"箱型住宅"[例：千里津云台团地住宅区（原团地住宅）＊] 在点状住宅中也获得

图2-24 "东丰中第2团地住宅区"的架空型住宅楼
这个架空空间成为从住宅区外到住宅区中心区域的入口

图2-25 星型住宅楼"常盘平团地住宅区"
每层的楼梯间被三个住户围合

图2-26 点状式住宅的箱型住宅楼（原团地住宅区）
比星型住宅更紧凑

图2-27 双连廊式住宅"鹭洲第2团地住宅区"
通过用一条走廊围起来的挑空空间保证了良好的通风和采光

了中坚的地位（图2-26）。因为布局较为紧凑，所以在
点状式住宅中非常常见。房间布局的特点是一层排列两
个住户，并在三面墙上都设有开口。

　　高层的团地住宅区在确保开口的设计上下了很大功
夫。如果采用中廊型的话，虽然可以保证住户数量，但
走廊一侧的窗户却不能保证通风采光。而且单廊道的效
果欠佳，因此出现了双连廊式住宅（丰岛5丁目团地住
宅区＊、鹭洲第2团地住宅区＊）（图2-27）。因为有
两条走廊可以作为通路使用，所以被称为双连廊式住宅，
即使在东西向排列住户的情况下，也可以在正中间设置
光庭，比起中廊型，可以确保各个住户的通风采光。也
有些把双连廊式住宅的两个走廊做成"V"字形，"V"
字形连廊式住宅比双连廊式住宅在通风采光方面更有利
（图2-28）。

图2-28　"V"字形连廊式住宅区"丰岛5
丁目团地住宅区"
把双内廊展开成"V"字形

5. 通过调整产生的景观

　　和目前为止我们所看到的一样，住宅区必须进行调
整的条件从原始地形到完成后的住宅区这一期间是多种
多样的。一般是团地住宅区的设计师们将这些问题逐一
解决，也有通过一种住宅形式满足多个条件的情况。

图2-29　千里青山台团地住宅区（一）
从考虑住户的通风采光和斜坡而诞生的箱型住宅楼，形成了山岳城市般的景观

例如，"点状式住宅"是为了建在斜坡而设计的（图2-29），同时实现了可以三面开口的房间布局，"千里青山台团地住宅区"的点状式住宅楼在丘陵地带星罗棋布，形成了山岳城市般的景观。点状式住宅一般被放置在场地的边缘，在大多数团地住宅区中被建造在具有象征意义的地方，"赤羽台团地住宅区"的星型住宅建造在面向车站的陡崖边上也是出于这个原因（图2-30）。在"湖北台团地住宅区"*里，点状式住宅将朝南平行布局的住宅楼紧密地围合（图2-31）。

"架空型"实现了在斜坡上可以建造接近公寓式的住宅楼，同时还带来了视野范围内的宽阔景观，为一层的部分提供了带屋顶的广场。"千里青山台团地住宅区"的住宅区中心部虽然也有高差，但由于架空型的采用，可以不受地形影响而朝南平行布局，避免了原本住宅楼的墙阻挡中心地带的扩张（图2-32）。

团地住宅区的景观在调整之后变得更加丰富了。虽然不知道团地住宅区的设计师们的意图是什么，但是从这些住宅楼的设计中可以看出，设计师们一边关注着必须满足的各式各样的条件，一边追求良好的景观和舒适的品质。

图2-30　赤羽台团地住宅区
在高地边缘建造的星型住宅楼，可以俯瞰到从车站到住宅区的道路

图2-31　湖北台团地住宅区
住宅区的边缘被点状式住宅围合

图2-32　千里青山台团地住宅区（二）
为了防止住宅区内被住宅楼区分得很细，设置了多处架空空间

📖 房间布局

——涵盖了从施工方法到社区营造的标准设计

51C 与公团 2DK

说起团地住宅区的房间布局，首先联想到的便是公营住宅的 51C（图 2-33）。这是东京大学吉武泰水研究室提出的方案，并由久米权九郎⊖在设计实践中总结出来的公营住宅的"标准设计"。这个标准设计的完成度不仅对团地住宅区，对战后的住宅设计也产生了极大的影响。公团也在 1955 年规划的莲根团地住宅区 * 等团地住宅区中采用了 2DK 的房间布局。虽然同为 2DK，各个房间的布局也沿袭了 51C，但也有几个不同点⊖。

我们来试着比较房间布局相似的公营 51C 和公团 2DK "55-4N-2K-2"（图 2-34）。

首先是共同点。无论哪一个都是把厨房和浴室（在51C 里是洗衣房）集中在房间的南侧。充分考虑了料理 – 洗衣 – 晾晒这一条流畅的家务动线。还有一个共同点就是所有房间都设有开口。由于住宅楼间距充裕，光和风可以进入房间的每个角落。这类房间布局有着优秀的通风和采光。

其次是不同点。公团 2DK 中和室的面积大约为 1 坪（约 3.3 平方米）。两个和室虽然是南北方向的布局，但是分隔的方式不同。51C 中将和室用墙隔开，而公团 2DK则是用隔扇隔开。51C 除了考虑到"食寝分离"之外，还考虑了父母和子女卧室分开的"就寝分离"。选择了即使不利于通风也要用墙将空间分隔的布局方式，以保证各个房间的功能性。另一方面，公团 2DK 选择了通过隔扇的灵活开合来改变空间的使用方法，着重于便利性。通过隔扇可以连接或者分隔两个房间这一点来看，公团 2DK 的房间布局更具日本特色。如果将隔扇拉开，风会从南北的窗户吹向其他窗户，形成更优秀的通风采光效果。另外在51C，通常把宽敞的房间（6 个榻榻米大小：约 340 厘米 ×255 厘米）放置在朝北的方位，而在公团 2DK 中通常放置于朝南的方位。在 51C 里，大概考虑的是把可能作为卧室来使用的朝北房间的条件做得更好吧。

⊖ 久米权九郎
建筑师。久米建筑事务所（现久米设计）的创始人。设计了大阪市营古市团地住宅区、公团千里山团地住宅区等。

⊖ 51C 和公团 2DK 的差异
《住宅》杂志（1999 年 12 月）的报道"公团住宅 51 型标准设计和公团 2DK型标准设计"上刊载了制作 51C 方案的吉武泰水和公团本所第一代设计课长本城和彦的对谈报道。从各自的立场阐述了 51C 和公团 2DK 的区别。

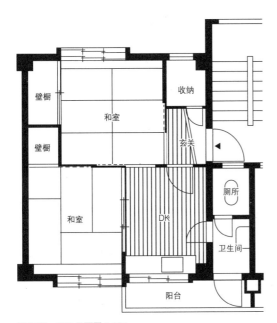

图 2-33 51C 平面图 1:100
和室间用"墙壁"分隔房间

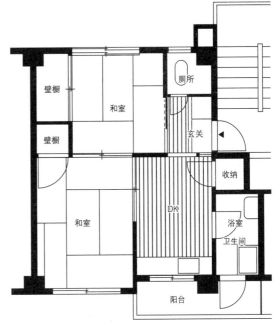

图 2-34 "55-4N-2K-2(金冈住宅区)"平面图 1:100
和室间用"隔扇"分隔空间

从这些差异来看，51C 是以打造至今为止日本没有的住宅为目标，而公团是以建造可以延续日本至今为止的生活习惯的住宅为目标。战后为了形成现代健康的生活方式，为了引入"食寝分离"理论的同时延续传统的舒适生活，并积极地汲取了被视为过时的日本住宅的智慧。这体现了公团设计源源不断地取其精华中具有包容性的一面。

标准设计的扩张

其实标准设计⊖并不是一开始就有明确的方向。而且公营 51C 也可能不是终点而是起点。在关于住宅楼的解说中也提到，为了寻求更好的标准设计，必须进行反复的实验和试错。即使是同样的房间布局，经过时代的磨砺，也在不断改进。针对场地和地域性的住宅类型也得到开发。再加上公团的预算逐年增加，以 2DK 为起点，面积和房间数量也在不断增加。时代发展使得对于住居的要求也逐渐增多。例如，20 世纪 70 年代左右住宅中都没有放置洗衣机的位置。人们对单间的数量需求也变得更强烈了。

《日本住宅公团 10 年史（1965 年发行）》《公团标准设计平面图集》上已经刊登出了 134 种房间布局。公团的房间布局虽然各自标上了不同的型号，但包括小改动在内，房间布局的种类可达 300 多种。为了制定出能在任何地方都可以随时使用的标准设计而产生了大量的标准设计，其结果是，标准设计毫无收敛地扩张。接下来我们来一起看看不同调整类型的房间布局吧。

⊖ 标准设计
简单地追溯公团标准设计的历史（根据《日本住宅公团史》198p）。昭和 30 年代（20 世纪 50 年代）前半叶，各分公司进一步着手设计了本公司的标准设计方案，或者独立设计方案，实际上也成为分公司的标准设计（标准化第 1 期）。昭和 30 年代后半叶开始了全国统一标准设计的动向，确立了被称为 63 型的标准设计，并且禁止分公司对其进行修改（标准化第 2 期）。但是，建筑物的均质化和标准化后所具有的不灵活性则成为一个问题，因此从昭和 48 年（1974 年）开始规定可以根据需求进行变更，昭和 53 年（1978 年）以后成为"根据一个住宅区、一个住户的个别设计"，至此，实质上标准设计已被废止了。

图 2-35 "57-4N-3K"类型的玄关
浴室和玄关之间设置了窗户。把从浴室窗户射进来的光引到玄关处

1. 通风采光的调整

在团地住宅区里通风采光是最重要的课题之一。基本上除了收纳空间之外，所有的房间都设计了开口部分。总而言之室内空间既要明亮又要有良好的通风。家庭主妇使用时间最长的厨房大多设置在南侧。浴室等其他用水场所也都被归纳为家务动线，大多设置在明亮的南侧。这种执念有时会导致一些不同的房间布局产生。在"57-4N-3K"（图2-35）中，将有窗的浴室的室内墙壁做成玻璃，让没有窗的玄关也能有阳光照射进来。虽然考虑到入浴的话这种做法有些不可理喻，但我们能从这个布局里深刻感受到公团对于采光的执念。

这样的执念也孕育出了星型住宅（图2-36）等点状式住宅。公寓式住宅有两面开口，而在星型住宅里三面开口则成为可能。但实际上由于窗户越多，可以摆放家具的墙壁便越少，在放置柜子等家具的时候会比较苦恼。

说到通风采光，令人印象深刻的是20世纪50年代后期大阪分公司所采用的"阳光房型"（图2-37、图2-38）。本应安放阳台的位置换成了阳光房的布局。阳光房的窗户占据了正面的横宽和顶棚的高度。其开放程度几乎和外部阳台一样。为了防止高空坠物，窗户的下半部分砌上花砖，布置得像旅馆的窗台一般。里面还设置了拉晾衣绳的钩子，这样一来即使是下雨天也可以晾晒衣服。

高层团地住宅区因为设有电梯所以通常采用单廊型。如果在北侧（即走廊侧）设置窗户的话，隐私则得不到保障。为了解决这个问题产生了复式住宅方案。电梯的停留层设置为每四层一个，可停留层设为单廊型，除此之外的楼层采用楼梯间型的布局，这样除了电梯停留层，其余的楼层可以像楼梯间型布局一样在北侧开口。在此基础之上的衍生形态，例如奈良北团地住宅区（图2-39）通过巧妙

图 2-37　千里山团地住宅区中阳光房型住户（一）

阳光房占了一整面墙的横宽，从上到下是一面大窗

图 2-38　千里山团地住宅区中阳光房型住户（二）

阳光房里备有晾衣服用的挂钩

图 2-39　奈良北团地住宅区的剖面图

从电梯停留的4层和中7层的走廊开始使用楼梯以通向各个楼层。走廊设定成不妨碍各个住户窗户的高度

电梯停留层

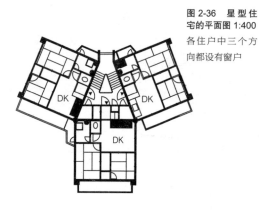

图 2-36　星型住宅的平面图 1:400

各住户中三个方向都设有窗户

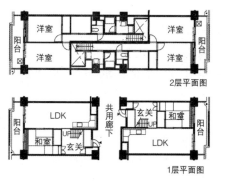

图 2-40　武库川团地住宅区平面图（无比例）

像柯布西耶的马赛公寓那样，在住宅楼的两个方向设有窗户

的剖面设计，使得所有房型都是楼梯间型的复式住宅。在武库川团地住宅区中（图2-40）通过复式住宅的巧妙组合形成"交叉复式住宅"的布局从而实现了两面开口。

2. 对布局，社区的调整

根据场地的特性，在不得不采取特殊布局的情况下，便会设计与之相应的房间布局。

在新千里北町第3团地住宅区（图2-41）的布局中，设有南入口、北入口两种住宅楼。如后文提到的N-S组合住宅楼那样，如果楼梯间设置在南侧，则对住户的采光不利。因此采用了可以使楼梯的位置南北反转的房间布局[→文2-9]。

在高藏寺新城，有些地方不得不建成南北向较长的住宅楼，这样的地方采用了"特57N-5E-2LDK-R"方案（图2-42）。此方案的采光面在东西向，如果沿用正南布局的话只有早上和傍晚才有较好的光照。这个布局通过将LDK贯穿东西以确保室内更长时间的采光。根据公团名古屋分所的调查，这种LDK的布局通风良好，根据生活方式的不同可以用家具等灵活划分空间等优点使居民们对其评价颇高⊖。

另外，在前文的住宅楼中曾提到，为了形成社区而采取了住宅楼围合广场的布局。在设计了围合广场用的住宅楼的同时，也设计了与之相应的房间布局。

N-S组合是以南侧有楼梯为前提规划的房间布局。从房间布局的角度上来说，为了保证良好的采光需要把南侧房间尽量扩大，但从南侧进入的住宅楼类型（图2-43）并不利于设计，所以之后被逐渐淘汰了。可以说为了社

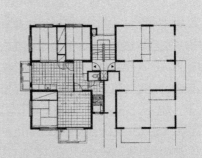

图2-41 新千里北町第3团地住宅区中点状式住宅的平面图（无比例）
楼梯间、厕所、洗漱台、浴室的位置上下颠倒，这样可以改变楼梯位置，并对各住户的室内房间布局不会产生太大影响

⊖ 高藏寺新城"特57N-5E-2LDK-R"
根据日本住宅公团名古屋分部设计课《团地住宅区的设计记录 | 高藏寺藤山台·岩成台团地住宅区》(1969年，p.l7)。另外，高藏寺新城的负责人津端修一先生在这个住宅区住了两年。津端的著作《高藏寺新城夫妇物语》（1997年，minerva书房）中通过其妻——英子的描述，介绍了当时的生活情景。

图2-42 藤山台团地住宅区
"特57N-5E-2LDK-R"平面图 1:150
为了连接住户的两边而设置了细长的LDK

图 2-43 N-S组合对南侧出入的住户的平面图 1:150
南侧的采光口大小虽然受限，但也容纳了2DK的布局。和通常从北进入的方式不同，玄关的位置也不一样。优点是从玄关基本看不到室内。

区的布局而在一定程度上忽略了室内环境。

　　另外，在新千里东町团地住宅区（公团）^(p.72) 中为了保证能够环绕东西南北设计了南北向狭长的住宅楼。虽然白天的充足光照变得无法利用，但该住宅区是作为大阪世博会的外国人宿舍而建造的，所以房间布局更多的是针对白天基本不在家的单身者考虑。

　　不从通风采光的室内环境的角度出发，而是接受打造良好的整体布局规划和"社区"，这样的委托后再去进行房间布局设计，类似这样与平时相反的设计顺序也是存在的。

3. 针对地区的调整——各分公司因地区而异

　　在公团早期，各分公司将总公司的标准设计根据各自情况改进后作为标准设计来使用。因此标准设计逐渐增多。据公团早期在东京分公司负责设计的宫崎宏二先生说，"为了建造出超越（本公司创建的）标准设计，绞尽了脑汁（图 2-44），甚至为此不分昼夜地展开了认真且激烈的讨论"。另外，据曾在大阪分公司的一位前员工称，"公团是有一本规定手册的，但是大阪分公司从打破这些规定中感受到了生存的价值，就像打破奥运会纪录一样"。不仅仅是将总公司的标准设计根据地区的实际情况进行调整，也展现了分公司试图创造独创性标准设计的机遇和决心。

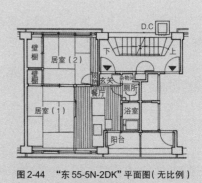

图 2-44 "东 55-5N-2DK"平面图（无比例）
俗称"富士见型"的津端修一参与设计的东京分公司原创的房间布局。家务动线排得很紧凑

图 2-45 东长居第 2 团地住宅区 * 双星型住宅的外观
从这个特别的平面看的角度不同，形状也会不同

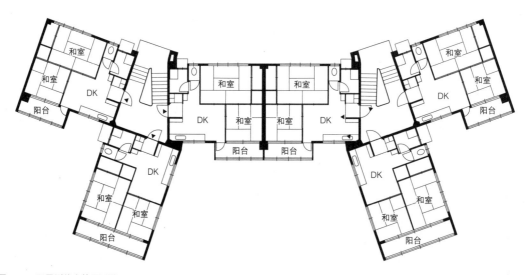

图 2-46 双星型住宅的平面图 1:250
"连接了两个星型住宅"或者"在公寓式住宅的两侧连接了星形住宅"的房间布局：阳光房

在关西地区，就有不得不改进标准设计的理由。其一是因为丘陵地形很多，不能直接使用标准设计。另一个是大阪和东京的消防法不同。再加上来自大阪天然气公司的要求（由于洗浴锅炉种类的不同，在关西一般将其放置于阳台）。另外，关东关西的榻榻米、隔扇、木匠的习惯也不尽相同。然而最重要的其实是源于对东京的对抗心理。由于这种对抗心理，产生了与总公司的标准设计有着很大偏差的具有当地特色的房间布局。在关西，上述阳光房和由两个星型住宅连接而成的双星型住宅（图 2-45、图 2-46）、中部的稻泽团地住宅区 * 的"L"字形点状式住宅（图 2-47、图 2-48）、九州的梅光园团地住宅区的箱型点状式住宅（图 2-49）等都是当地独特的房间布局。每一种都是令人过目不忘的符合当地特性并具有象征性的原创设计。

4. 针对工法的调整

在推进团地住宅区的量产化进程中，我们尝试了将在工厂制作好的预应力混凝土进行现场组装的预浇筑法和循环使用金属模板的金属模板工法。这些方法改进了在现场施工的标准设计的方案，并针对各自的施工法进行了调整。"65-4N- 2DK-PC"（图 2-50）与"63-5N-2DK-4"（图 2-51）相似，但为了进行预浇筑施工，将平台设置在墙面以内，另外垃圾回收槽不再是墙体的一部分，而是独立设置。

5. 针对特殊条件的调整

每个团地住宅区都有标准设计无法满足的因素。为了照顾这些因素，每个团地住宅区都想出了相对应的特殊设计。

例如，千里竹见台团地住宅区 * 和新千里东町团地住宅区（公团）的规划是事先考虑到在 1970 年的日本世博会时，作为用于外国展览馆的工作人员和海外记者等相关人员的宿舍而进行的。为了让个子较高的欧美人也能正常居住，楼层高度等的设定比通常的设计要高（型号也加入了"万"字为世博会专用）。其中独具一格的是新千里东町"特 670-5N-2DK3DK 万"(p.74) 的直通式住宅平面。原本是 2DK 和 3DK 并排夹着楼梯间的"67-5N-2DK3DK"，但在此移除了 1 楼 3DK 的 4 间榻榻米，而作为从楼梯间向南侧的通道来使用。只需以标准设计为基础并进行较少的改进便能应对特殊条件（详细参照第 3 章）。

图 2-47 稻泽团地住宅区 * "L"字形点状式住宅（一）
阳台侧的外观看起来像是箱型点状式住宅

图 2-48 稻泽团地住宅区 * "L"字形点状式住宅（二）
从楼梯间侧看，以楼梯为中心呈"L"字形排列着住户

图 2-49 梅光园团地住宅区 * 箱型点状式住宅
外观为九州分公司设计的原型的点状式住宅，在箱型中算是大型住宅

图 2-50 "65-4N-2DK-PC"平面图（无比例）
楼梯间的平台没有从外壁面露出来是 PC 工法的特征之一

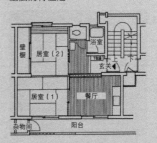

图 2-51 "63-5N-2DK-4"平面图（无比例）
接近"65-4N-2DK-PC"中房间布局的 2DK

房间布局精选

接下来，用照片和平面图来解说公团具有代表性的房间布局

1

2DK 住户：［55–4N–2DK］

莲根团地住宅区等（图 2-52a~ 图 2-52e）

公团首次设计的 2DK，可以用隔扇的开合来连接或分隔各个卧室，十分灵活。虽然明确规定了餐厅空间，但是和式房间既可以作为客厅也可以作为卧室来使用。这样既实现了食寝分离、就寝分离，又十分地张弛有度，把房间的使用方法交给居住者。餐厅厨房坐落在整个房子中"最佳地段"的南面。同时一体化设计了水槽，橱柜和餐桌等。厕所为了采光，在浴室中间设置了窗户，可以让人感受到公团在所有房间都设置窗户的执念。之后各式各样的房间布局被设计出来，直到标准设计被废止之前，这种设计思想都被绵延不绝地继承着。

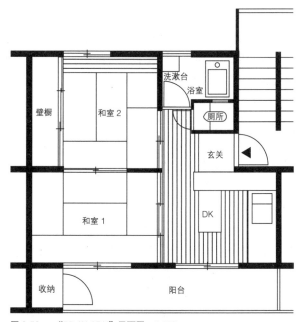

图 2-52a　"55-4N-2DK"平面图　1:100

图 2-52b

图 2-52c

图 2-52d

图 2-52e

图 2-52b
从和室 1 看过去，拉开隔扇就能看到整个房间

图 2-52c
从餐厅厨房的视线可以环顾整体房间

图 2-52d
最里面的和室 2 利用隔扇的开合在保证房间独立性的同时可以作为连通的客厅使用

图 2-52e
厨房里的水槽、收纳柜，餐桌摆成"コ"字形，将烹饪动线紧凑地整理在一起

图 2-54a
660-5N-2DK 平面图　1:100

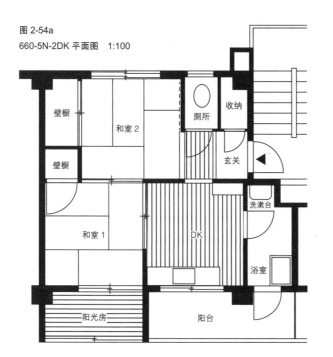

图 2-54b

图 2-54c

图 2-54d

图 2-54e

图 2-54b
从和室 1 看向阳光房。若将阳光房的窗户和隔扇打开，室外空间就会通向和室

图 2-54c
从餐厅厨房看向阳光房。由于衣物在阳光房晾晒，这里是能看到晾晒衣物的最佳角度

图 2-54d
从餐厅厨房看向洗漱台和浴室入口。与家务相关的用水设施紧凑地集中在一起

图 2-54e
阳光房的窗户全部打开的状态。为了避免掉落的风险而在腰壁处设置了花砖墙

3

阳光房型：[560–5N–2DK]

"仁川团地住宅区"* (图 2-54a~图 2-54e)

20 世纪 50 年代后半期 [560-5N-2DK] 是设有阳光房且仅被关西公团几个团地住宅区采用的一种房间布局。以 2DK 住户为基础，将阳台的一部分设计成阳光房。阳光房从顶棚到地板全面开口，窗户腰线以下的部分砌满了花砖墙（开孔的混凝土块）。若是打开窗户，几乎就变成了室外。夏天的时候像是走廊，冬天的时候又仿若温室，在季节变换中感受空间的乐趣。与 [55-4N-2DK] 相比，厨房周围整合了用水设施，这样的房间布局使得住户更便于处理家务。阳光房里还准备了安装晾衣绳用的挂钩，对于下雨天时的晾晒来说无疑十分重要。舒适的阳光房、便捷高效的家务空间等，使其成为了在公团住宅区中名列前茅的房间布局。

图 2-55a
57-TN-3K-2-C 平面图
1:100

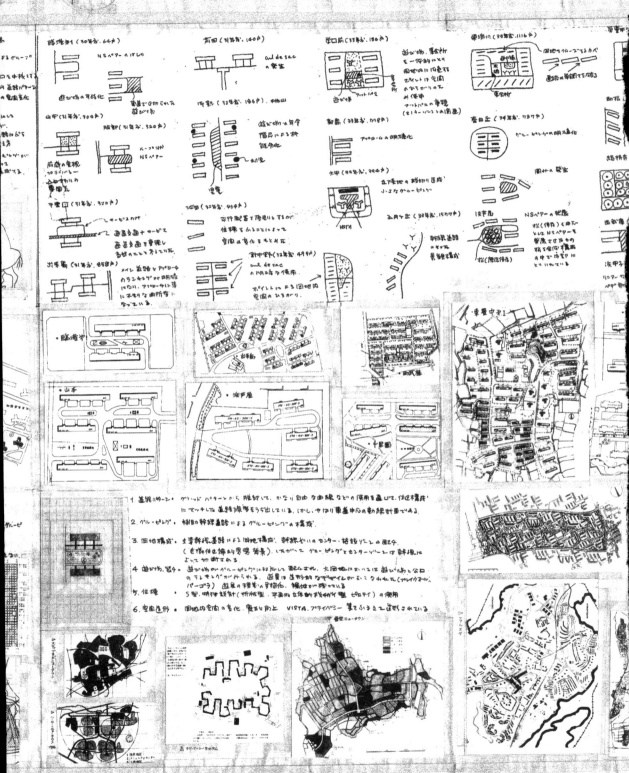

，大约 20 厘米的宽度中，从左到右将当时已建成的公团住宅区依次布局规划的类型进行分析。前半部分讲的是如何建造道路，后半部分讲的

是如何进行围合。如何更好地将人车分离，如何更好地在每栋楼中围合出公园、广场等社区空间是当时团地住宅区设计的中心。在每个类型的带状范围内从上到下依次是布局的实例和示意图的解说、详细布局图以及"道路模式""住

宅区构成""游乐场及设备""住宅楼""空间构成"这几个类型及其进行评价。在页面的底部，排列着与其类型相似的来自古今东西方的城市规划和住宅区的布局图。新千里东町团地住宅区（公团）被称为逐一解决这些问题得

出的最规划的团建筑平较，然后

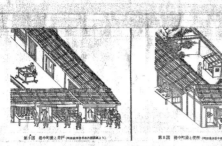

第6図 路中町屋と井戸（明治末東都市街図解説より）

第8図 路中町屋と便所（明治末東都市街図解説より）

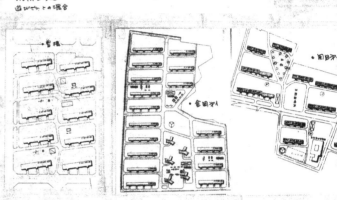

団地住宅区设计理念可以说是向"人类和谐"迈进。

向了"围合型布局"，回首过去 14 年的成果，一
展开的新千里东町团地住宅区的设计主旨对其进

级别的社区意识，公共空间的处理这些近期特别
过程。

初，通过庇护所和栅栏，将人类的空间与广阔的
这样的生活，逐渐达到了现有的高度文明。

信息化城市，围合的空间有什么意义？

加，人与人之间的交流，因流动性和信息化而进
迫切要求住宅附近有丰富的公共空间，而通过更
来提升这种空间的品质是很有必要的。这种提高
们去探究。

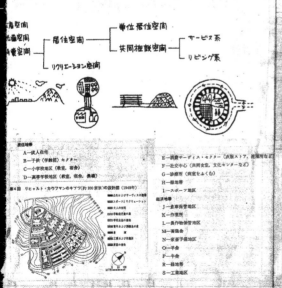

A——个人住宅
B——子供（学龄前）センター
C——小学校地区（教堂，宿舍）
D——高等学校地区（教堂，宿舍，养殖）

E——消费サービス·セクター（次販ストア，洗濯所など）
F——社交中心（共同食堂，文化センターなど）
G——诊疗所（病院をふくむ）
H——绿地带
I——スポーツ地区

J——仓库保营地区
K——作业所
L——食物保管地区
M——养殖舍
N——家畜子羊地带
O——羊舍
P——牛舍
R——猪地带
S——工业地区

第4図 リチャルド·カウフマンのキブツ（约 100 家族）の設計図（1949年）

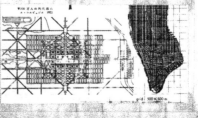

国外事例的比较，说明为何新
住宅区（公团）要如此规划的来
说是通过像贴墙报一样的方式
长，为了在会上展现出气势，他
为 60 厘米宽，长度为 3.6 米的"卷

轴"，这在会议上产生了很大的影响力。在当时，
这种展示了古今东西方多彩变化的集合住宅的
布局规划以及至今为止公团的布局规划，并对
其进行深刻分析的大幅展板，一定有着压倒性
的说服力。

让我们来看看内容。

在封面之后，序中说明了整理这张卷轴
的目的。值得关注的是这是半个世纪之前写
的。我们可以看到，如今空间在住宅区以及信
息社会中的作用等主题也是当时正在解决的

问题。

右按世
排列，
部分主

4

联排式住宅：[57-TN-3K-2-C]

"多摩平团地住宅区"*（图 2-55a~ 图 2-55e）

联排式住宅在 20 世纪 50 年代后半期采用的如同两层（或平层）长屋一样的房间布局。此房间布局意图创造更多空余的空间，虽然此举与需求大量住宅楼的时代背道而驰，但为了在当时巨大的中层团地住宅区中打造出适宜人尺度的景观，并且为了实现中层住宅楼中无法获取的与"土地"的亲密生活而特意采用了这样的布局。前面设置了专用庭院，一楼大多设置了一间 DK 或者和式房间，另外还设置了水槽空间，二楼则设有单间。通过上楼和下楼来区分生活空间，使得食寝分离与就寝分离实现立体化。多摩平住宅区 [57-TN-3K-2-C] 是一个可以从玄关进入浴室的特殊房间布局。众所皆知，阿佐谷住宅⊖采用的房间布局是由前川国男建筑设计事务所设计而成的。

⊖ 阿佐谷住宅

日本住宅公团在东京都杉井区规划的预售商品房团地住宅区。1958 年开始入住，2013 年开启重建工程。由当时的公团设计部门的王牌津端修一和前川国男建筑设计事务所负责设计。通过双坡屋顶的联排式住宅和巧妙的景观等设计，实现了良好的居住环境。正因如此，这个住宅不仅在建筑界评价甚好，在各领域都有很多簇拥，可以说是公团住宅区早期的杰作。详情参照三浦展、志岐祐一、松本真澄、大月敏雄著的《奇迹般的住宅区 阿佐谷住宅》（王国出版社）。

图 2-56b
从餐厅厨房看向和室 1。可以发现设置了许多窗户

图 2-56c
从玄关看向餐厅。右边能看到装修时就设置了的鞋柜

图 2-56b

图 2-56d
从和室 1 向外看。由于窗户太多导致柜子无处安放

图 2-56e
从餐厅厨房看向和室 1

图 2-56d

图 2-55b
从一楼的和室 1 看向厨房和玄关。可以看到尽头有上二楼的楼梯

图 2-55d
玄关旁边设有洗漱台、浴室。成为通向厨房的后方动线

图 2-55c
从厨房看向洗漱台、浴室。与家务相关的水槽布局得十分紧凑

图 2-55e
二楼的和室，脚下设有与楼梯间的通气口，使之与一楼连接在一起

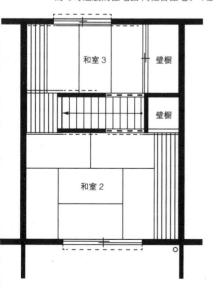

和室 3　壁橱

壁橱

和室 2

图 2-55b

图 2-55d

图 2-55c

图 2-55e

图 2-56c

图 2-56e

5

点状式住宅

星型住宅（仁川团地住宅区）、箱型住宅（千里津云台团地住宅区）等（图 2-56a~图 2-56e）

　　点状式住宅是相对于平面呈细长形状的公寓式住宅楼而呈紧凑的点状平面的住宅楼类型。其中有"Y"字型平面的星型住宅、也有正方形平面的箱型住宅等。除了在趋于单调的团地住宅区景观中起到了点睛的作用外，由于其小巧，易于在斜坡和狭窄而不规整的地形上建造等优点，虽然难以作为住宅大量供应，但还是不断地被改进和建造。其房间布局的主要优点是可以在三面安装通风采光用的窗户。在同样室内面积下的平层住宅中无法做到的在厕所设置窗户也可以实现。另一方面，由于外墙上都设置了窗户，产生了不利于家具摆放的弊端。星型住宅的较大外墙面对于布局规划也有一定难度，所以从20世纪60年代前半期开始就不予采用了，但是箱型房间布局在进入20世纪60年代后半期后仍被长期采用。

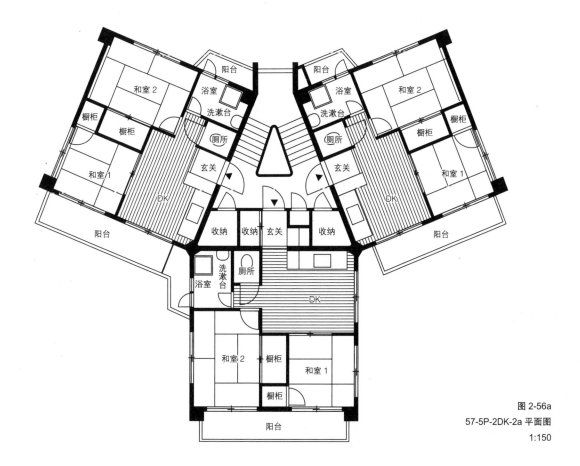

图 2-56a
57-5P-2DK-2a 平面图
1:150

团地住宅区设计思想 昭和30—43年

序

■ 大阪支店设计部的

■ 设计手法为什么走
个可以视为综合性
行了完美的总结。

■ 可以说是对于邻里
重要的问题的研究

在我们人类诞生之
大自然分开，通过

在当今这个流动的

随着闲暇时间的增
一步被激活，这就
高级的"围合型"
品质的手法值得我

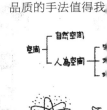

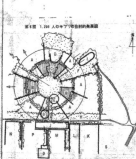

J.H.C OSAKA

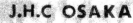

图 2-57

解说······　　　　1969 年（昭和 44 年），在公团法人以及各　　　展示他们的团地设计成果。当时，各分公司之　　　点的研究以及
分公司的设计师们齐聚一堂召开的全国性会议　　　间就如何设计建筑的布局展开了激烈的争论。　　　千里东町团地
上（团地住宅区设计负责人会议），大阪分公　　　会议上，大阪分公司介绍了千里新城规划中的　　　龙去脉。当时
司的成员编写了《团地住宅区设计理念　昭和　　　新千里东町团地住宅区（公团）。介绍的内容　　　来进行作品发
30—43 年》（图 2-57）。在会上设计师们纷纷　　　包括从公团开始到现在，公团的布局规划优缺　　　们使用了大小

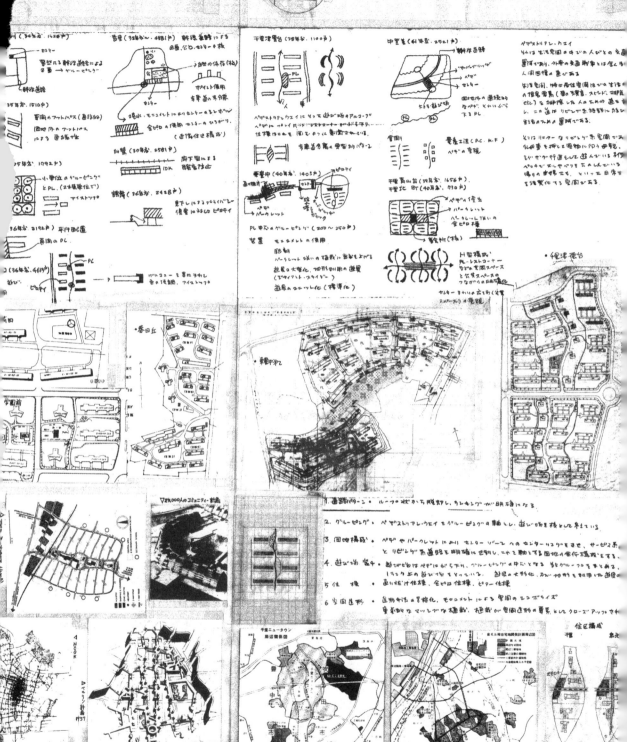

佳方案，换句话说，这是整个公团布局
集大成之作。

也住宅区的布局通常被认为是简单地将
于南面，但是从把一个个类型进行比
创造出新类型的过程来看，每个团地

住宅区都根据各自的场地特点为寻求最适合的
规划方案而积极探索。我们可以看出设计者们
为了营造良好的居住环境，在朝南平行布局的
基础上，创造出人性化社区空间而不断摸索的
姿态。这张卷轴对于充分了解公团的设计理念

来说无疑是一份珍贵的资料，希望大家能仔细
阅读。这应该能帮助我们窥探当时设计者们针
对团地住宅区设计的认识思考以及奇思妙想。

2

3DK 住户：[63–5N–3DK]

"新金冈第一团地住宅区"等（图 2-53a~
图 2-53e ）

在昭和 40 年代（20 世纪 60 年代）
针对家庭的标准设计中，[63-5N-3DK]
是极具人气的一种房间布局。在积累了
很多实绩的 2DK 的基础上，又加上了一
间 6 个榻榻米大小的单间。保留原有的
通风良好、空间灵活的房间布局，在此
基础上增加一个完全独立的单间，以确
保个人隐私。包括浴室、厕所、洗漱台
在内，所有房间都设置了可以有效通风
采光的窗户，以确保南北通风的连贯性。
以家务为主的厨房也依旧放置在房间的
南侧。对洗漱更衣以及家务空间的考虑
也面面俱到。笔者认为，在以家庭层面
设想的房间布局中，[63-5N-3DK] 是其
中最均衡的一个，让公团的房间布局设
计达到了一个制高点。

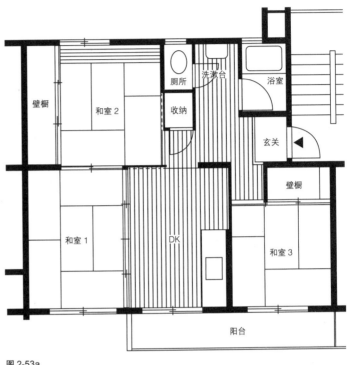

图 2-53a
63-5N-3DK 平面图　1:100

图 2-53b
从和室 1 看过去。比 [55-4N-
2DK] 更宽，与餐厅厨房的
连接更紧密

图 2-53c
和室 2 与和室 1 的灵活的衔
接方式与 [55-4N- 2DK] 相同

图 2-53d
厨房的设置只在水槽周围，
与 [55-4N-2DK] 相 比， 可
以更灵活地运用

图 2-53e
从玄关看向洗漱台，和室 2
的视角。所有的房间都设有
窗户，整体很明亮

图 2-53b

图 2-53c

图 2-53d

图 2-53e

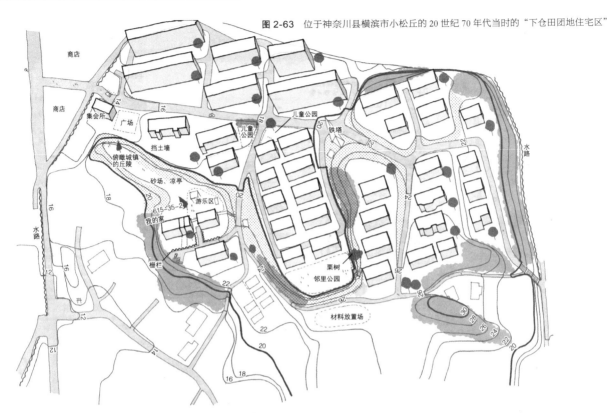

图 2-63　位于神奈川县横滨市小松丘的 20 世纪 70 年代当时的"下仓田团地住宅区"

么都做得出来。沙场上的藤架是十分特别的地方，脚踩着和柱子缠绕在一起的藤干往上爬，巧妙地躲开梁的干扰爬到上面是很需要技巧的。穿过如云朵般的紫藤树叶站立起来，可以看到位于广场深处的住宅楼，躺在紫藤树上鸟巢状堆叠成的"凹"处，虽然并不稳定，但勉强可以支撑小孩的体重，独占被绿云环绕的感觉。

从团地住宅区内的公园到团地住宅区外

逐渐长大后，和朋友们玩耍时的场地也从广场开始逐渐扩展到公园和周围的斜坡。广场的西侧长满了芒草的山脊绵延伸展，沿着岔路往前走的话，可以看到斜坡上遍布着小竹林的原野。当然我们也曾把竹子折起来，捆绑，在那上面铺上纸板建造了秘密基地。团地住宅区内也有大人提醒这里是"不能靠近"的危险场所，但越是被警告，对孩子来说就越有吸引力（图 2-66）。

随着成长，孩子们的社交方式和游戏也发生了变化，逐渐向广场（游乐场）-儿童公园-

图 2-64　分隔庭院的冬青卫矛的栅栏上，结出了橙色果实，这是孩子们过家家的珍贵材料。位于东边 E 家前的柿子树长大了，高度超出了二楼的顶棚，而隔壁两栋的同学 K 家的无花果树很矮，树干被天牛咬了一个洞。 我们在停车场后面种了一棵小琵琶树苗（该播种了吧？），果实虽小却甘甜

图 2-65　在广场上，有跷跷板和箱型秋千、铁只有一棵赤松树。沙坑被大量的紫藤树覆盖地被修剪管理后，青草的味道一路弥散到了庭山、竹林相连，有蝗虫、蟋蟀、螳螂、蜻蜓和你玩具车行驶的城镇，是当时放映的奥特曼中怪堆砌山坡的"滚球玩法"也很受欢迎。现在说来

邻里公园的趋势发展。儿童公园对于周围居住的孩子们是"本土的领地"，来自其他山和谷的"外人"因此会感到紧张而远离（图 2-67）。邻里公园是打棒球、踢球的场所，同时也是团地住宅区町内会的盂兰盆会舞、庙会、运动会的举办地，一个向外公开的场所。另外公园还留有未建成的部分（图 2-68）。在邻里公园的陡崖上，有连接我们这边山丘和对面山丘的山脊道（邻里公园在山头）。沿着山脊道，有个放置着材料和推土机等重型机械的空地，偷偷爬上去，坐在沾满汽油和尘灰味的座椅上，想象着控制操作杆指挥推土机的模样。

在团地住宅区的南侧，有几栋平层长屋并列着的市营住宅，穿过那里就是田地，再往前就是我们叫作"狼山"的略高的山丘。

周围还有农田和不断蔓延的住宅地基，以及沼气沸腾的小龙虾池塘，寺庙墓地后面是有硬壳虫的杂木林等。再长大一点，也会去柏尾川沿岸的金鱼养鱼场、旁边的谷奥瀑布以及牧场远游。

团地住宅区的孩子长成了大人

在山丘下的团地住宅区入口，每一侧都有排列由 4~5 家店铺组成的小商店街。商店街的人们日常的购物风景，食物飘散的味道，以及此时的气温、气候给人留下了深刻的印象。商店街的尽头有一条巴士的通路，与户冢站相连接，对孩子们来说是最近的"大城市"。

最近，我深切地感受到这个孩提时代的团地住宅区、游乐场、街道的空间印象，形成了我现在的价值观以及对事物的理解。现在去各种各样的团地住宅区，最先考虑的是在哪里可以玩什么。也许我的景观设计中的原风景，就在团地住宅区里。

图 2-66　离家最近的"危险场所"就是垃圾焚烧炉。从烟囱冒着烟的焚烧炉透着混凝土墙往外散热。用全身的力气打开沉重的铁门后，垃圾瞬间化成灰消失殆尽，让人觉得有些不可思议。被盖住的下水道也透着危险的魅力。从由蓄水池填筑而成的邻里公园流淌的曾经的水路被整备成排水渠，透过隔栅的检查孔往里窥探，可以看到一丝细微的水流。打开井盖（保密哦），进入排水渠的话，黑暗的隧道前方有来自检查口星星点点洒进来的光。便是一道"非日常的风景"

图 2-67　儿童公园里，有供一人乘坐的秋千和石质的滑梯等在广场里没有的娱乐设施。能明显感受"自己人"和"外来人"这种强烈的对比，我们的丘陵和东侧的丘陵之间也有着强烈的对抗意识

图 2-68　邻里公园的东南斜坡上，有一棵被认为是在被开发之前就存在的栗子树，秋天时会长出很大的栗球。在西侧，陡崖上立起一面土墙，有时会沿着途中的树上垂下来的老虎绳攀登

江和沙坑，还有土地和草坪，
面种着瑞香树。广场上的草
处。草丛与斜坡以及前面的
蝶等很多昆虫。沙坑成了迷
鲁人偶的破坏和战斗的场所。
就是"毕达哥拉斯装置"

第 3 章

团地住宅区 7 选

——探索不为人知的设计思想

千里青山台团地住宅区 〔大阪府·千里新城〕

千里青山台团地住宅区利用原始地形对斜坡进行土地平整，将住宅楼的设计扩展到丘陵地带，产生了山岳村落般的景观（图3-1）。针对斜坡这一"制约"而设计的住宅楼，在将地形的缺点转化为优势的同时，也一并将景观和住户等其他问题解决了，可谓是一箭双雕，甚至一箭三雕。这种干净利落的处理方式也被引入通风采光良好的住宅房间布局，实现了仿佛

一楼做成架空层，扩展视线和流线

设计易于在斜坡建造的住宅楼（架空层、点状式住宅）

交通轴线

形成斜坡

交通轴线

集会所

点状式住宅沿道路一字排开，营造出城镇的景观

将集会所设计成架空层，并在住宅区设置一条交通轴线

将高差40米的地形改造成斜坡

图3-1 千里青山台住宅区

置身高原的居住环境。千里青山台团地住宅区集地形、土地平整、景观、住宅楼、房间布局的设计流程为一体，并相互联系，是充分体现团地住宅区设计思考的范例之一（图 3-2）。

所在地：大阪府吹田市青山台
完成年份：1965 年
层数：中层楼 4 层、5 层，高层楼 11 层

图 3-2
从北千里站前看"千里青山台团地住宅区"

将点状式住宅分散布置在斜坡上，形成山岳城市般的景观

形成斜坡

一楼做成架空层，扩展视线和流线

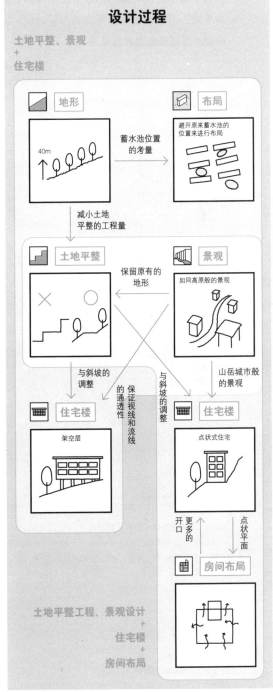

设计过程

土地平整、景观
+
住宅楼

地形　　　　　　　　布局

40m　　蓄水池位置的考量　　避开原来蓄水池的位置来进行布局

减小土地平整的工程量

土地平整　　保留原有的地形　　景观
如同高原般的景观

与斜坡的调整　　保证视线和流线的通透性　　与斜坡的调整　　山岳城市般的景观

住宅楼　　　　　　　　住宅楼
架空层　　　　　　　　点状式住宅

更多的开口　　　　点状平面

房间布局

土地平整工程、景观设计
+
住宅楼
+
房间布局

千里青山台团地住宅区——高原团地住宅区的综合设计流程

43

尊重地形、活用地形的土地平整 = 放弃土地平整的土地平整

"千里青山台团地住宅区"所在的千里新城是开辟千里丘陵（图3-4）而建的（图3-3）。当时的建设技术很难将高差如此之大的场地进行土地平整，预计的建设费用也非常庞大。而且当时也有尽量保留原有地形的想法，不将整个区域夷为平地，而是计划利用残存的山峦起伏，在人工建成的新城里创造自然景观。

将高差40米的场地（图3-5）在尽量降低各处挡土墙高度的基础上，改造成了斜坡状（图3-11）。并不像普通新城的土地平整一样建造阶梯式地形将住宅楼与周围分隔开来，而是让整个场地在丘陵地带自然地扩散开来（图3-6）。这个建造方针对景观及住宅楼的房间布局都有极大的影响（图3-7~ 图3-10）。

 地形

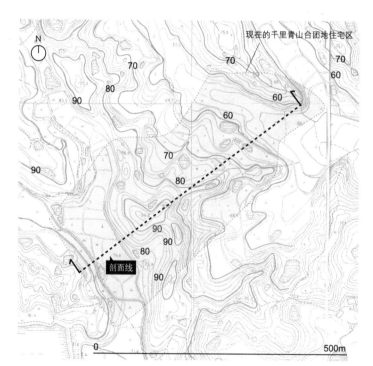

图 3-3　土地平整前地形图 + 现状图
原来是梯田连绵的农田和山林。由于大规模的土地平整需要巨额的工程费用，以及当时土木工程技术的局限，所以整理成了斜坡状

图 3-4　开发前的场地
千里新城曾经是散布着小村庄的山间农村地带

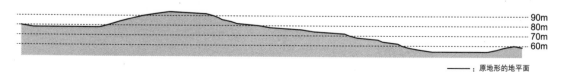

图 3-5　原地形的剖面图
虚线是最上面为海拔90米、间隔为10米的等高线。可以看出此地形具有40米的高差

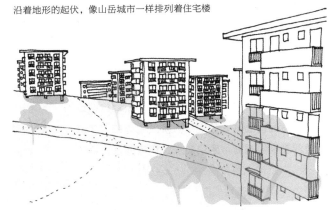

图 3-7　从 C34 栋看北侧的住宅楼
沿着地形的起伏，像山岳城市一样排列着住宅楼

图 3-6　利用了自然地形的景观设计
斜坡的缓急形成了丰富多样的景观

 景观

 土地平整

 住宅楼布局

基于对平整前的地形、当时的土木工程技术、建设费和工期的考虑，以及为了实现利用自然的景观进行设计，场地被完全改造成了斜坡。移除了场地中央稍靠西侧的山（海拔约 90 米），从场地西侧（海拔约 70 米）向东侧（海拔约 50 米）缓缓修整地形。另外，住宅楼的分布是考虑到建造前蓄水池的位置而规划的。

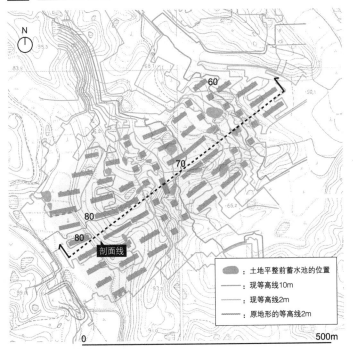

	土地平整前蓄水池的位置
	现等高线10m
	现等高线2m
	原地形的等高线2m

0　　　　　　　　　　　500m

图 3-8　现状图与原地形图的重叠
在保证朝南平行布局的同时，住宅楼进行布局时尽量避开土地平整前有蓄水池（涂有绿色的地方）的位置

图 3-9　活用地形的土地平整
通过不过多改变原有地形的土地平整来节约成本，减轻劳动量。将丘陵地带的景观活用在规划中

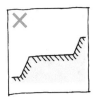

图 3-10　常规的阶梯式土地平整
建筑物的建造虽然很轻松，但土地平整需要花费大量的成本和时间，以当时的技术来说大规模的整理是很有难度的

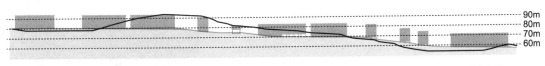

图 3-11　现在的住宅楼地平面和原地形进行土地平整前的地平面
图 3-5 的剖面被分成均分的平缓的坡道，坡度较大的部分则采用点状式住宅

现住宅楼
原地形的地平面
现地平面

不破坏宛如高原般的地形及其延展＝底层架空住宅楼

进行土地平整后的千里青山台团地住宅区，其场地变成了沿东北方向逐渐下降的斜坡（图3-12、图3-13）。由于在这种坡度的斜坡上很难建造朝南且平行布局的公寓式住宅楼，所以最终采取了适合斜坡的住宅楼规划。底层架空式住宅楼是其中的一种（图3-14）。在有高差的地形上可以直接建设细长的住宅楼，再加上地平线上没有遮挡视线和动线的物体，对宛如高原般的地形的活用，形成了独特的景观（图3-15、图3-16）。这种为适应地形而设计的形态同时又能为景观的形成锦上添花。

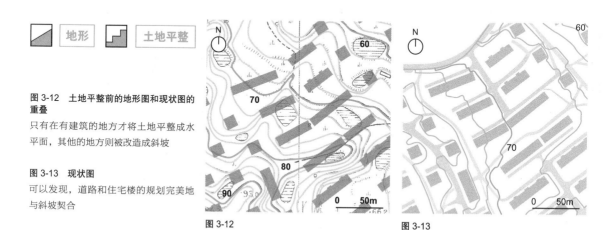

图 3-12　土地平整前的地形图和现状图的重叠
只有在有建筑的地方才将土地平整成水平面，其他的地方则被改造成斜坡

图 3-13　现状图
可以发现，道路和住宅楼的规划完美地与斜坡契合

图 3-12

图 3-13

图 3-14　底层架空式住宅楼和斜坡交织形成的景观
随着地形的起伏，视线所及之处的风景不断发生变化，住宅楼的深处也有开阔的视野

图 3-15　架空式住宅楼的底层相互贯通的情景
在住宅楼的底层，视线和动线相互贯通，毫无遮蔽

图 3-16　"千里青山台团地住宅区"的空地
宛如高原般的风景延展开来

住宅楼 **底层架空式住宅楼**

底层是架空式的住宅楼（图3-17）。利用柱子来消减地面的高差，并调整建筑物与斜坡的关系（图3-19）。地面上的视线和动线畅通无阻，不仅赋予了住宅周围变化丰富的景观，还能灵活地应对各种生活用途（图3-18 ~ 图3-22）。

图 3-17　架空层的自行车停放处
架空层作为穿过空间的常用动线，高度不足的地方则被用来停放自行车

图 3-18　底层架空式住宅楼的好处
通过将底层架空，可以灵活地调整建筑物与起伏地面的关系。如果在斜坡上采用公寓式住宅的话，建筑物接地的部分将会无法作为空间来使用，从景观的角度来看接地部分也是如同墙壁一般的存在

图 3-19　通过调整柱子长度来应对斜坡
通过将底层架空，可以灵活应对斜坡的高差

视线与动线的贯通

图 3-20　底层架空式住宅楼营造出的景观
一侧接地，另一侧则伴随着穿透的动线而漂浮起来。和阶梯式土地平整所营造的单调景观相比别有一番风味

架空层

楼梯间

自行车停放处

图 3-21　底层架空式住宅楼的开放性
挑高约2.7米、进深约6.5米的架空层构筑的空间使得视线可以轻易到达深处，制造出用地内各处景观的统一感

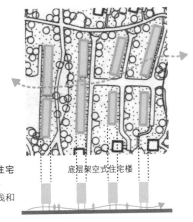

图 3-22　架空式住宅楼实现的动线贯通
住宅楼之间的视线和动线

底层架空式住宅楼

| 地形 | 土地平整 | 景观 | → | 住宅楼 | ⇄ | 空间布局 |

由地形和景观引导的住宅楼和房间布局 = 点状式住宅

点状式住宅楼由于"点状（Point）"连接地面易于在平地较少的斜坡上建造这一特征而被采用（图3-23、图3-24）。另外，其塔状的形态在林立的公寓式住宅楼当中可以成为景观的"亮点"。沿着人行道的斜坡分散耸立着的点状式住宅楼，勾画出山岳城市般的有趣景致（图3-25～图3-27）。并且，

点状式住宅楼的紧凑平面中，居住空间的四面墙全部向周围打开，比起通常的公寓式住宅楼有更多的开口。针对斜坡的土地平整产生了点状式住宅楼，并探索出了三面开口户型的可能性，日本"连歌式"的设计流程，在这里一览无余。

| 地形 | | 土地平整 |

图3-23 土地平整前的地形图与现状图的重叠
可以发现点状式住宅楼是利用原有缓慢倾斜的地形建造而成的

图3-24 现状图
在等高线的间隙中分散布局的点状式住宅楼

图 3-23

图 3-24

图3-25 点状式住宅楼所打造出的景观形态
约40年来开放空间逐渐被草木的绿色所覆盖，形成了一个如同山岳城市般富有变化的空间

点状式住宅

开放空间

| 景观 | 点状式住宅楼以及底层架空式住宅楼向外逐渐延展，沿着斜坡缓缓描出弧形的动线，并实现了丰富的室外空间。 |

底层架空式住宅楼
公寓式住宅楼
点状式住宅楼
开放空间

图3-26 为景观增添活力的点状式住宅楼
被夹在长方形住宅楼中的点状式住宅楼，成为团地住宅区整体景观的一种强调性表现

图3-27 从C34栋眺望点状式住宅楼
沿着顺应倾斜地形变化的住宅群望向后方，可以看到被保留下来的针伏山

底层架空式住宅楼拥有无论地面如何倾斜都能自由建造的便利性，同时也为景观的营造做出了贡献。如同海上的浮标一般顺应场地高差的"波浪"而生成的景观更加妙趣横生（图3-25）。由于住宅楼主要沿着道路修建，行走其中移步换景，令行人赏心悦目（图3-28、图3-29）。

住宅楼｜底层架空式住宅楼

图 3-28
点状式住宅楼的立面
五层楼的住宅全部实现了三面开口，由于位处陡坡所以拥有良好的眺望视野

图 3-29　点状式住宅楼的底层
通过用柱子将住宅楼抬起，使其与走在前面道路上的行人产生一个视角差，对提高隐私性也有所帮助。底层架空空间也可被用作停车场

房间布局｜点状式住宅楼 3DK

通常公寓式住宅楼在各住户南北两面都设有开口，但点状式住宅楼则将所有的住户都变为"转角处的房间"，并且能在第三面设置开口（图3-30）。

公寓式住宅楼
一般可在南北两面设置开口

箱型住宅楼
南北面加上东（西）面，在三面设置开口

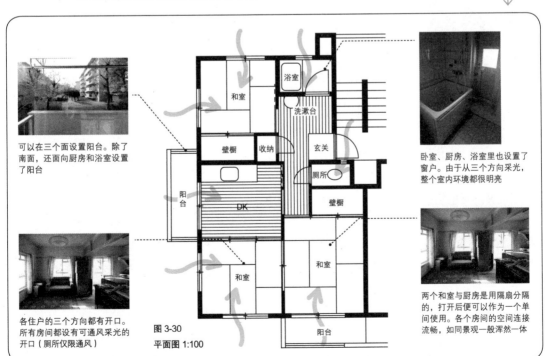

可以在三个面设置阳台。除了南面，还面向厨房和浴室设置了阳台

各住户的三个方向都有开口。所有房间都设有可通风采光的开口（厕所仅限通风）

和室
浴室
洗漱台
壁橱　收纳
玄关
厕所
壁橱
阳台
DK
和室
和室
阳台

卧室、厨房、浴室里也设置了窗户。由于从三个方向采光，整个室内环境都很明亮

两个和室与厨房是用隔扇分隔的，打开后便可以作为一个单间使用。各个房间的空间连接流畅，如同景观一般浑然一体

图 3-30
平面图 1:100

千里津云台团地住宅区 （大阪府·千里新城）

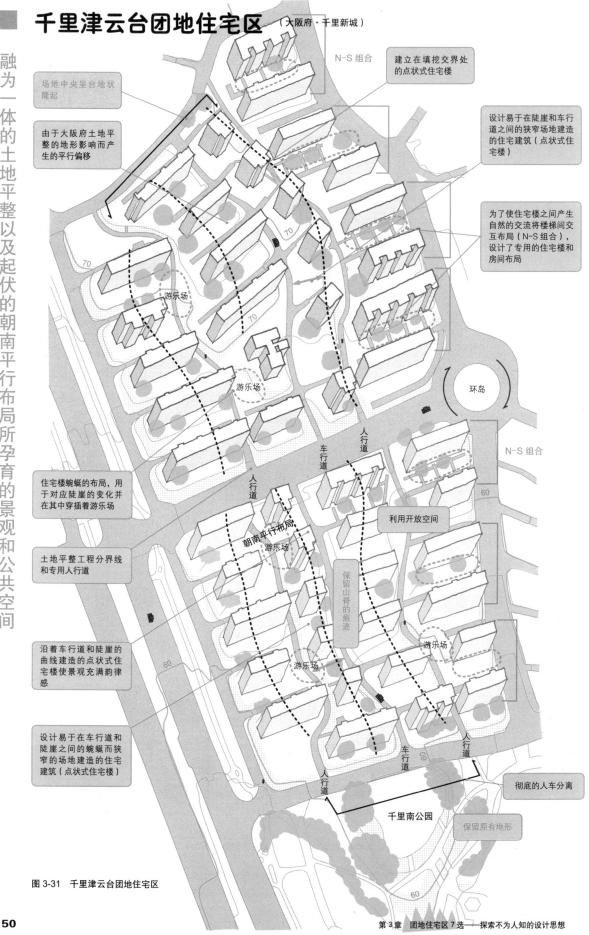

N-S 组合

场地中央呈台地状隆起

由于大阪府土地平整的地形影响而产生的平行偏移

建立在填挖交界处的点状式住宅楼

设计易于在陡崖和车行道之间的狭窄场地建造的住宅建筑（点状式住宅楼）

为了使住宅楼之间产生自然的交流将楼梯间交互布局（N-S 组合），设计了专用的住宅楼和房间布局

游乐场

游乐场

住宅楼蜿蜒的布局，用于对应陡崖的变化并在其中穿插着游乐场

土地平整工程分界线和专用人行道

沿着车行道和陡崖的曲线建造的点状式住宅楼使景观充满韵律感

设计易于在车行道和陡崖之间的蜿蜒而狭窄的场地建造的住宅建筑（点状式住宅楼）

人行道

车行道

人行道

朝南平行布局

游乐场

保留山脊的痕迹

利用开放空间

环岛

N-S 组合

60

游乐场

游乐场

车行道

人行道

人行道

彻底的人车分离

千里南公园

保留原有地形

60

图 3-31　千里津云台团地住宅区

"千里津云台团地住宅区"是千里新城的第一个公团团地住宅区（图3-31）。它以朝南平行布局为基础，通过对关键区域进行精心地布局以及采用特殊的住宅楼形式以达到营造丰富室外空间的目的，是早期公团设计的优秀案例。大阪府企业局和公团的设计思想不同，将府营的土地平整进行景观再造是公团的特征。在因土地平整而产生的陡崖边缘地带放置可以适应狭窄场地的点状式住宅，将住宅朝南平行排列的同时，使其蜿蜒和偏移，给景观带来了起伏摇曳的效果。而公园（游乐场）则嵌入到由布局偏移而产生的空地中。在住宅楼之间的空间里，有一部分导入了楼梯间交互布局的N-S组合，使之成为可以交流的空间（图3-32）。

所在地：大阪府吹田市津云台
完成年份：1964 年
层数：5 层

图 3-32　千里津云台团地住宅区
从专用人行道看向千里津云台团地住宅区

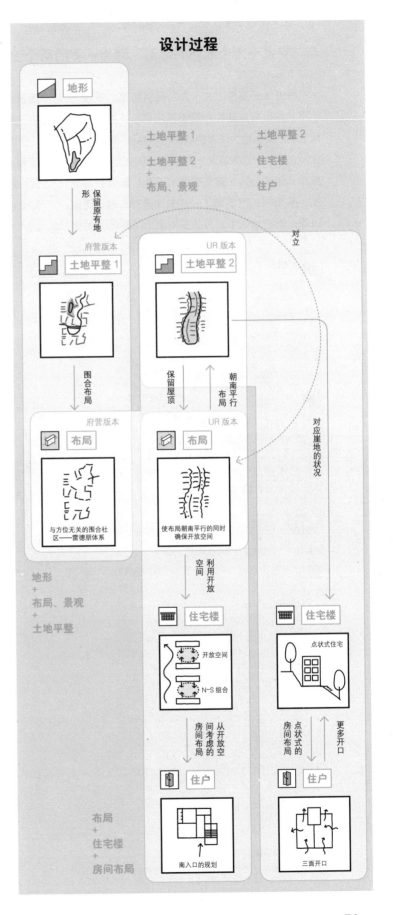

千里津云台团地住宅区——融为一体的土地平整以及起伏的朝南平行布局所孕育的景观和公共空间

与 "有九十九个池塘的地形" 融为一体的两个土地平整规划，从围合型到平行布局

据说津云是由 "九十九" 得名而来。千里之地原本就没有足够的水用于水稻耕作，所以周边构筑了以蓄水池为开端的农业水利系统（图3-33）。曾经许多小池塘像酒窝一样散布在斜坡上，而 "千里津云台住宅区" 正是被建造于此。随着新城开发（图3-34、图3-35），许多池塘和田地一同被填埋，但在地区中较为重要的名为 "殿池" 的大

池塘被保存在新城中，形成了之后公园绿地的基础（例如南公园内牛之首池等）。

津云台根据施工主体和规划意图的不同进行了两次土地平整，使得原有地形发生了很大的变化。第一次土地平整是由大阪府企业局主导的 "粗略土地平整"。

 地形

图3-33 "千里津云台团地住宅区" 地形图
1961 年的地形图。有颜色的线是 10 米间距的等高线

图3-34 土地平整工程剖面图
2002 年的地形图。粗绿色线是 10 米间距的等高线

 土地平整

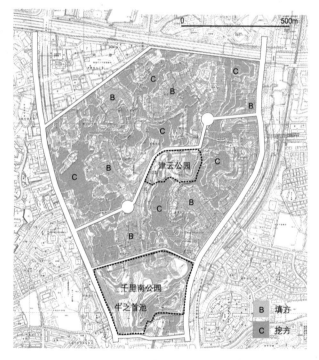

图3-35 "千里津云台团地住宅区" 的土地平整工程（填挖示意）图
津云台的北侧位于山田川流域，南侧位于高川流域，以津云公园附近为分水岭

粗略土地平整时的规划理念是使用"围合型"布局（图3-36、图3-37）。"围合型"布局是指面向周边干线道路布局住宅楼，并在围合的中央区域设计庭院和开放空间的规划。从当时粗略土地平整的图纸（图3-37）上可以发现，位于庭院部分被命名为"自然植被带"的原地形在规划中被保留下来。第二次是由住宅公团主导的"精细土地平整"（图3-38）。原本作为"围合型"构想的粗略土地平整的土地，被公团改造为适合"朝南平行布局"的地基。当初预计保留的原地形在精细土地平整阶段中消失，被改造成了更易于并列朝南排列的板状式住宅楼的布局。但为了尽可能减少在原有山脊地形的工程量，以达到土地平整工程的填挖方土方量平衡这一目标（图3-40），采取了切断中间山脊，从东西道路的边缘向住宅场地逐步进行土地平整的方法（图3-39、图3-45）。这两个阶段的土地平整工程后带来的地形变化，让人仿佛目睹了建筑布局与原地形互相融合的过程。

 布局

图3-36　1961年的"千里津云台团地住宅区"

开发前的"千里津云台团地住宅区"地区。可以看到，过去津云台上散落着许多像酒窝一样的小池塘

图3-37　土地平整规划

大阪府企业局的土地平整规划。围合型布局的住宅楼是概念的一部分，被围合的内部原有地形和绿地（逐渐改变状态）将被保存下来

图3-38　住宅公团的朝南平行布局

配合住宅楼的布局，由公团再次进行了土地平整

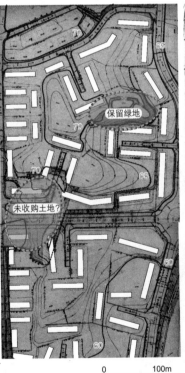

图3-39　竣工后不久

"千里津云台团地住宅区"

图3-39a　从津云台西侧的干线道路眺望"千里津云台团地住宅区"

图3-39b　住宅区内专用人行道和住宅楼附近的情况

图3-39a

图3-39b

千里津云台团地住宅区——融为一体的土地平整以及起伏的朝南平行布局所孕育的景观和公共空间

与地形融合的土地平整和伫立于交界处的点状式住宅

在住宅楼布局规划从当初大阪府提出的"围合型"剧变为朝南平行布局的背景中，有着住宅公团对朝南平行布局的"自信"。当时，在经历了"香里团地住宅区"*开发的住宅公团关西分部的成员们，大概是看到了朝南平行布局在开发时的有利之处及其在居住环境和生活上的可行性。在"千里津云台团地住宅区"的规划里，达到住宅区内的填方挖方土方量平衡的土地平整是规划的目标（图3-40~图3-43）。将东西连接道路部分的场地高差控制在较低水平，将动线导入平行布局的住宅楼之间（车辆也如此）（图3-44）。人们的视线可以看到曾经的山脊坡地和上面伫立的点状式住宅楼（图3-45），脚下有一条贯穿南北方向的专用人行道（图3-39）。

土地平整

图3-40 "千里津云台住宅区"的填方挖方的土地平整剖面图集合
公团的填方挖方的土地平整剖面图。可以看出专用人行道和开放空间的系统处于在填方挖方的交界处

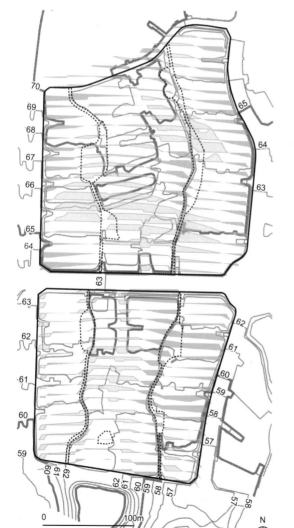

图3-41 刚被开发完成的"千里津云台团地住宅区"

图3-42 津云台的土地平整情况（地点不明）
可看出挖出的土方用推土机推向填方部分，再用铲车拖引的土地平整方法。道路外的斜坡上还残留着植被

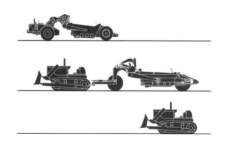

图3-43 "千里津云台团地住宅区"的建造中使用的重型机械
从上往下，自走式铲车（搬运砂土使地面变得平整的重型机械），索引式铲车（用推土机牵引，功能同上），推土机（推土，平整地形起伏的重型机械）

切土　　填方　　人行道+OS

0　　　　100m

N

布局　 景观

　　从乍看之下充满规律性的"千里津云台团地住宅区"朝南平行的
布局中可以解读出，人车分离网络的巧妙设计是在顺应原有山脊地形
所产生的微妙起伏下创造的。根据地形来设计人车动线的方法，即使
在 20 世纪 70 年代后半期开始进行的团地住宅区内的停车场增设维
护工程（综合团地住宅区环境整备事业，俗称"综合团环"）中，也
未发生很大的变化，为形成稳定的绿地系统做出了不可小觑的贡献。

图 3-44　从高空眺望"千里津云台团地住宅区"
左边可看见"竹见台团地住宅区"，远处是津云公园。在林立的朝南平行布局的板状式住宅楼公团"千里津云
台团地住宅区"中，可以清楚地看到呈"S"形排列的点状式住宅楼

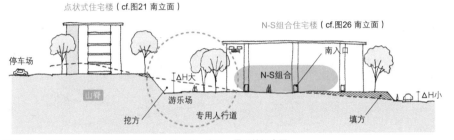

图 3-45　"千里津云台团地住宅区"的土地平整、布局、景观的概念图

图 3-46　专用人行道——沿游乐区排列的榉树群
里面是板状式住宅楼

箱型点状式住宅楼：从土地平整、房间布局两个方向得出的住宅楼形式

在"千里津云台团地住宅区"中，为了实现人车分离，明确区分了贯穿南北的车行道和人行道。在场地中央有车行道，以及和车行道并行的两条专用人行道穿过。专用人行道沿着因土地平整而生成的陡崖底部的轮廓线行进，车行道则在高台上，与两条专用人行道若即若离地蜿蜒同行（图3-47~图3-49）。这样团地住宅区被分割成东西宽度变化剧烈且南北方向较长的四块用地。住宅楼则摇曳地布局在这个蜿蜒且互有差异的场地中。这时，最活跃的便是紧凑型平面的箱型点状式住宅楼（图3-51）。与公寓式住宅楼相比，其小巧的外观为单调的团地住宅区景观增添了活力。点状式住宅楼无论在布局上还是在景观上都是适合这个场地的住楼形式。另一方面，为了追求更好的通风采光，在住户的3个方向都设置了窗户的点状式住宅楼，从住户规划的角度来看也是受欢迎的形式（图3-52~图3-54）。以一个住宅楼的形式解决了由土地平整造成的高低差、不规则用地的布局、富于变化的景观、舒适的房间布局等问题，成为象征公团设计中整体性设计过程的案例。

⬛ 土地平整

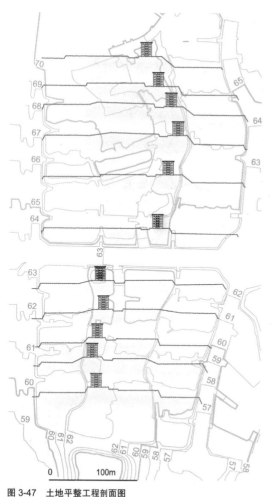

图3-47　土地平整工程剖面图
在因土地平整形成的崖地边缘，设置了与狭窄的不规则场地相对应的点状式住宅楼。成为景观中的点睛之笔

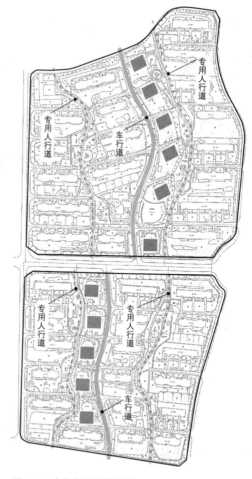

图3-48　点状式住宅楼布局图
点状式住宅楼沿着专用人行道和车行道蜿蜒并行地布局

图 3-49　沿陡崖的外观
考虑到住户的隐私性，在灵活利用高差的同时，也设置了开口使得住宅向人行道稍微打开。仿佛像是山地中的村落

图 3-50　沿车行道的外观
从车行道望向点状式住宅楼的外观。一如城市沿路的风景

在平面上看，箱型点状式住宅楼相比公寓式住宅楼更接近于正方形。因此，在难以使用细长的公寓式住宅楼进行布局的狭窄场地或不规则场地上，采用箱型点状式住宅楼布局则容易许多（图 3-47、图 3-48）。在"千里津云台团地住宅区"中可以看到，箱型点状式住宅楼在车行道和陡崖之间的蜿蜒场地上充分发挥了它的优势。从专用人行道向上看，沿着陡崖轮廓排列的住宅楼就像是山地的村落。而从车行道看的话，则一如城市沿路的风景（图 3-50），在不同地点的观感变化给容易陷入单调的团地住宅区景观增添了不少活力。此外，还有与箱型住宅设计目的相同的星型住宅等各种各样的点状式住宅也被开发了出来。但大部分方案在考虑到施工的可行性和效率后被逐渐抛弃，而箱型点状式住宅由于更接近公寓式住宅且便于布局，因此长期被各处采用。

图 3-51　骰子状的外观
四周穿插着空地的小规模点状式住宅楼与林立的大规模扁公寓式住宅楼相比，前者在观感上更令人放松

狭窄蜿蜒的场地　陡崖　约3米

图 3-52　立面图和剖面图
外观仿若戴着一顶斗笠的骰子。因为四面均设有窗户，所以无论从哪个角度观察都仿佛能感受到城市中沿街道路的生活气息

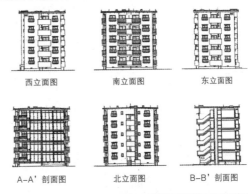

西立面图　　南立面图　　东立面图

A-A'剖面图　　北立面图　　B-B'剖面图

🏠 房间布局

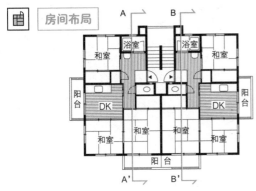

图 3-53　平面图 1:300
在布局和景观等大尺度的衬托下平面布局稍显紧凑，但可以看出在通风采光的设计上远超常规标准

图 3-54　外观
为了使住户都能拥有更多的通风采光而设计的房间布局。比起公寓式住宅楼的两个方向开口，箱型点状式住宅楼的窗户设置在三个方向。其结果产生的紧凑平面在布局和景观上也发挥了积极作用。对住户这一小尺度的环境进行积极调整的行为也会对布局和景观这样的大尺度环境产生有利影响

N-S 组合：通过整体布局和住宅楼进行社区建设的尝试

公团的住宅楼布局基本上是朝南平行布局，但实际上在考虑场地的高差和形状的情况下，完全遵循朝向或是均等布局是很困难的，千里津云台团地住宅区就是其中之一。能建造住宅楼的平坦场地被夹在陡崖和三条道路之间呈现曲折的形态，且各自都有差异。在调整场地关系的过程中，打破了几何学的朝南平行布局，采用了整体微调的住宅楼布局。在布局过程中产生的住宅楼、道路、崖地之间空间变大或集中的地方，设置了作为游乐场的公园。住宅楼之间的一部分则采用了楼梯间相对设置 N-S 组合⊖布局（图 3-55），使楼梯间不再是一个沉闷的空间，而是可以使人相聚产生充分交流的场所（图 3-56）。公园等室外公共空间也不是用几何学的划分来规定，而是从地形、人流、建筑物的建造方式中产生的空间来探寻。这与同时期府营住宅围合出大面积庭院的设计思想大相径庭。

⊖ N-S 组合
以南北并列的住宅楼为对象使各个楼梯间相对设置的住宅楼布局，是利用人的流动形成公共空间的团地住宅区设计手法之一。将被住宅楼围起来的空间作为人来人往的场所，意图使居民之间更易于产生交流。话虽如此，实际效果并不大，并且由于房间布局上的缺点很大，20 世纪 60 年代末以后便不再被积极地采用了。

 布局   景观

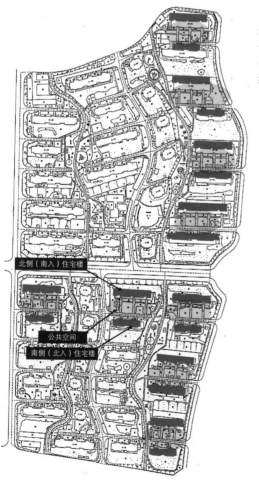

图 3-55　N-S 组合布局图
绿色部分是住宅楼之间的公共空间。意图使从住宅楼楼梯口出来的居民可以聚集在一起，自然产生交流并营造出热闹的社区氛围，但实际上没有发挥什么作用

北侧（南入）住宅楼

公共空间

南侧（北入）住宅楼

图 3-56　N-S 组合所围合的空间
南北住宅楼之间楼梯间的相对布局。住宅楼之间的居民更容易在此邂逅

在 N-S 组合中，南入口的住宅楼是与北入口的住宅楼区分开专门设计的。在这个时期被建造的大阪府营住宅中，同一种类的住宅楼的方向大体是在南北朝向上变化，但公团认为根据朝向而大幅度改变住户环境是不妥当的，所以准备了不同的房间布局。他们针对各个朝向的变化对住宅楼的设计进行了调整。"千里津云台团地住宅区"中的南入口住宅楼在南侧设置了楼梯口（图 3-57），虽然没有楼梯口也没有阳台的住宅楼北立面略显单调，但在南立面上有着更深的轮廓（图 3-58、图 3-59）。

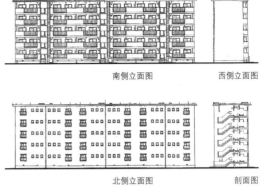

南侧立面图　　　　　　　西侧立面图

北侧立面图　　　　　　　剖面图

图 3-57　N-S 组合南入口住宅楼 立面剖面图

图 3-58　南入口住宅楼的楼梯前空间
与从住宅楼南侧进入的北入口住宅楼相比，南入口住宅楼楼前的空间更丰富充实

图 3-59　南入口住宅楼的南侧公共空间
被作为社区空间使用，但实际中并未得到有效利用

房间布局

在 N-S 组合里，从南侧进入的住宅楼（北侧）专用的房间布局中，与北侧设有楼梯口的普通型 2DK 相比，南面面宽要窄 1 米左右（图 3-60、图 3-61）。但房间数和居住环境仍然被设计成与北入口住宅楼接近的规格（图 3-62）。由于面积的使用效率不佳，难以规划出朝南的房间，同时不能应对时代发展带来的 3K、3DK 等房间布局上的风潮变化，伴随着 N-S 组合本身是否有效的质疑，这种布局便逐渐不被使用了。

图 3-60　南入口 2DK 平面图 1:200
因为楼梯间在南面，所以采光比北入口住宅楼要少 1 米左右

图 3-61　北入口 2DK 平面图 1:200
与南入口住宅楼相比采光效率更好，浴室朝南也是其特征

图 3-62　南入口 2DK 的室内
进入玄关的方式与北入口是不同的

高座台团地住宅区、高森台团地住宅区 （爱知县·高藏寺新城）

由山脊、山谷孕育出的扎实规划

　　高座台团地住宅区是位于高藏寺新城的高层团地住宅区（图3-63）。五栋住宅楼是建造在将难以进行土地平整工程的山顶削平后的一个开合幅度很小的场地上。在这样被限制的场地上进行建设所倾注的心力最终了产生了富有

通风采光的房间布局，从地形到房间布局可以看出其"连歌式"的前后呼应的设计过程。场地中不规整的部分采用了可以自由弯折的锯齿状平面的住宅楼，而幅度的最小部分则选用平面紧凑的点状式住宅楼。无论哪一栋都利用了

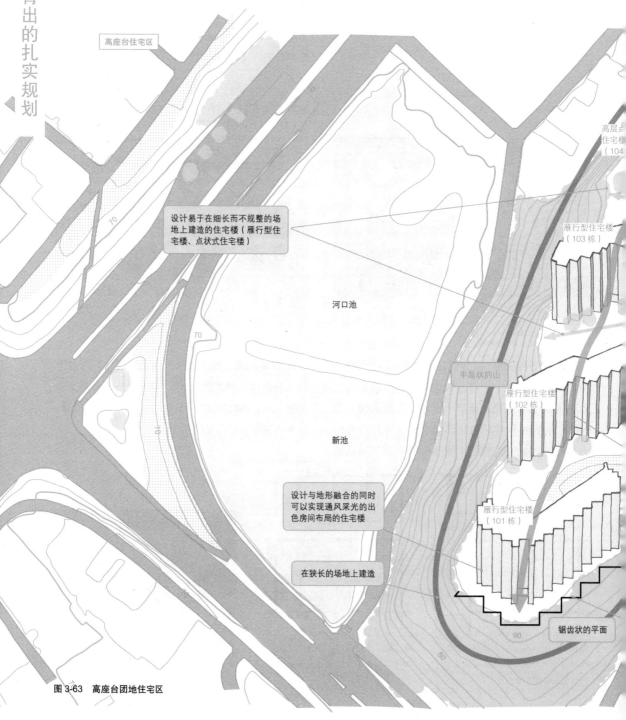

图 3-63　高座台团地住宅区

所在地：爱知县春日井市高座台
完成年份：1978 年
层数：11 层

外墙面较多这一特点，使各住户都能从三面进行通风采光。通过土地平整的制约以及舒适的房间布局设计而成的住宅楼，以其独特的形状成为高藏寺站附近的象征耸立在山顶上（图3-64）。

图 3-64　高座台团地住宅区
南侧眺望的"高座台团地住宅区"

高层点状式住宅楼（105 栋）

与地面相接处为点状

独栋住宅区

贯穿并连接住宅楼的人行道

为适应场地形状住宅楼呈雁行型排列

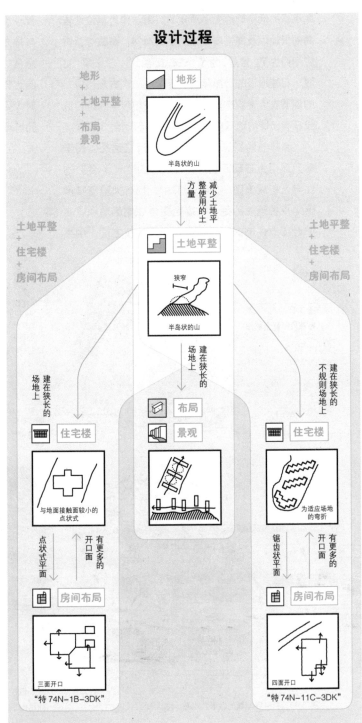

设计过程

地形
+
土地平整
+
布局
景观

地形

半岛状的山

减少土地平整使用的土方量

土地平整

狭窄

半岛状的山

土地平整
+
住宅楼
+
房间布局

建在狭长的场地上

布局

建在狭长的场地上

景观

土地平整
+
住宅楼
+
房间布局

建在不规则场地上

住宅楼

与地面接触面较小的点状式

点状式平面　有更多的开口面

住宅楼

为适应场地的弯折

锯齿状平面　有更多的开口面

房间布局

三面开口

"特 74N-1B-3DK"

房间布局

四面开口

"特 74N-11C-3DK"

围合·削平古生代层的丘陵——集中于山脊、凸显高度的"高森台团地住宅区"

高藏寺新城位于名古屋市中心的东边、春日井市的丘陵部（图3-65、图3-66）。这个新城以"住在丘陵上"为概念规划而成。听说是由于1959年的伊势湾台风等原因促使河川泛滥，下游地区的浓尾平原的低平地遭受了严重的灾害。作为危险性较高的低地以及高密度居住的反面案例，高藏寺新城应运而生了。但是，为了"住在丘陵上"，就必须"克服"丘陵地带的自然环境。丘陵地的"古生代层"的地质成为主要难题之一，将丘陵地形单纯地打造成没有起伏的地基绝非易事（图3-67、图3-68）。

和其他的新城一样，高藏寺新城也是以邻里单元理论为基础开发的，由被称为"××台"的住宅区构成（图3-66）。其中，拥有大量高难度土地平整地质的是"高森台团地住宅区"和"高座台团地住宅区"。在高森台团地住宅区，中央

部分的土地难以平整的区域被"保留"下来成为"高森山公园"（图3-70），但严格地说，并不是刻意保留了"从古生代延续下来的古老森林"，而是"被住宅开发排除在外的区域"。公园区域曾一度被遗弃，变成秃山。但后来由于市民们参与举办的植树活动"橡果大作战"⊖，如今已是绿意盎然的森林。通过对环绕高森山的山脊和山谷的土地平整，"高森台团地住宅区"得以扩张。对大面积运动场有需求的小学则被规划在了山头的填埋地区域。

⊖ 橡果大作战
对由于新城开发和森林火灾而变成秃山的高森山森林进行的复活活动。以播种当地小学生采集的橡子果为中心展开的活动而起名为"橡果大作战"。作为居民绿化运动的成功案例而广为人知。负责高藏寺新城规划的津端修一也参与了此次活动。

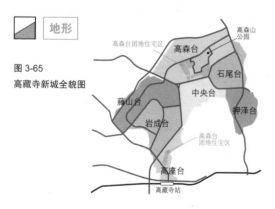

图 3-65
高藏寺新城全貌图

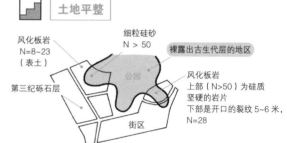

图 3-67 "高森台团地住宅区"的地质
可以看出，街区是在满足各种混合地质条件的限制下成形的

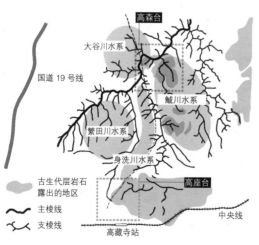

图 3-66 高藏寺新城的地形、水系、地质图

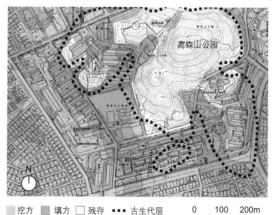

图 3-68 填挖方土地平整图
裸露出古生代层的高森山难以进行土地平整，而作为公园被保护起来

高藏寺新城的特征之一是处于山脊上的人行道（图 3-70）。"住在丘陵上"的高藏寺新城，将城市功能和高层住宅楼集中布局在山脊上。从中心地区向北延伸的人行道在高森台住宅区中呈"Y"字形散开，分成了沿山脊地形向北延伸的人行道和越过山脊、山谷向东延伸的人行道（图 3-69）。沿着山脊的人行道，为了突出地形而对住宅楼的布局进行了规划（图 3-71）。在住宅楼的地面层，为了连接到人行道，设置了公共空间和集会场、店铺等，还有可以直通内部的架空层。南侧的山谷里为低层住宅楼，山坡上是中层住宅楼（图 3-72），山脊上是高层住宅楼（图 3-73），其背后有宽阔的"高森山公园"。住宅楼布局的规划体现出了与土地平整和自然地形的呼应。

 布局

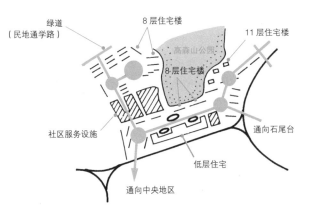

图 3-69　高森台团地住宅区人行道的动线规划
城市功能和高层住宅楼沿着人行道布局

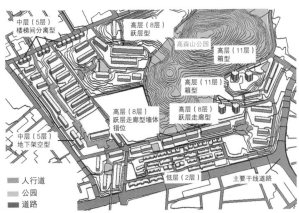

图 3-70　人行道与公园的布局和连接
城市功能和高层住宅楼沿着人行道布局

图 3-71　从中央台眺望高森台
山脊上的板状式住宅楼突出了地形。山坡下方是一排低层住宅楼

图 3-72　高森台南侧，从斜坡下方仰望
从斜坡下的低层住宅楼仰望山坡上的板状中层住宅楼

图 3-73　高层箱型住宅楼
在高森台最高处的土地平整困难区域修建了高层住宅

通过有限的土地平整剪切平面的"高座台团地住宅区"

相对于"保护"了古生代层地质的"高森台团地住宅区"，离 JR 高藏寺站近，便利性高的"高座台团地住宅区"则对有着古生代层的丘陵下手了。"高座台团地住宅区"进行了以挖方为主，将丘陵的顶部削平而做出水平地面的土地平整工程。因为必须通过削去土地平整困难的古生代层的丘陵以平整出住宅地基，所以在土地的平整范围和土量上有所限制（图 3-75）。为了使高座台南侧的挖方量、地基高度保持一致，山脊北侧的填方量也不是很多。在住宅区顶部进行土地平整的地基在东西方向都较为狭窄，西侧的新池公园之间的斜坡上还残留着以前的地形和植被（图 3-76）。在被森林围合的斜坡上耸立着的高层住

宅楼，是从干线道路和高藏寺站可以一眼望到的高藏寺新城的地标（图 3-74、图 3-77）。

在难以进行土地平整的山脊上诞生的"高座台团地住宅区"的平整地形在东西方向上较为狭窄，这对住宅的布局、形状以及开放空间的布局也产生了影响。

"高座台团地住宅区"南侧的山脊前端有三栋高层住宅楼（图 3-74、图 3-78）。这些高层住宅楼基本上是朝南平行布局的板状式住宅楼，但由于基地在东西方向十分狭窄，难以容纳住宅楼的长边方向，所以采用了倾斜，然后曲折的处理手法（图 3-79）。各个住宅楼曲折的位置也不同。更加狭窄的北侧的两栋，则是采用了点状式住宅楼[p.66]。

图 3-74 "高座台团地住宅区"南侧的三栋高层住宅楼
右边三栋是在狭长的场地上采取了倾斜、曲折等处理手法排布的板状式住宅楼，左边一栋则是点状式住宅楼

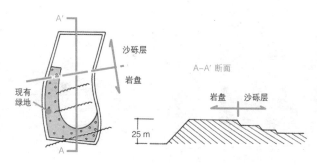

图 3-75 高座台的地质和现存绿地
可以看出岩盘部分有三栋雁行型住宅楼，在沙砾层上建有高层的点状式住宅楼

图 3-76 高座台的填挖方土地平整图
在面向西侧的"新池公园"的斜坡上，原有的植被和树林被保留下来

布局 景观

图 3-77　当初构想的从中心蔓延到三个住宅区的立体人行道
高藏寺新城的中心地区立体人行道的基本构想。"高座台住宅区"在右侧最开端的位置

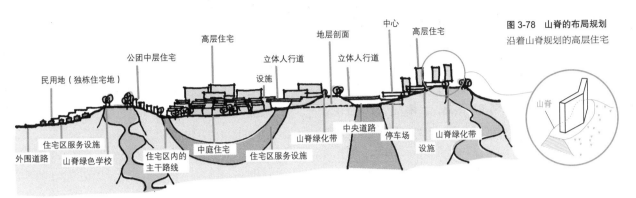

民用地（独栋住宅地）　公团中层住宅　高层住宅　立体人行道　地层剖面　中心　高层住宅

设施　立体人行道

图 3-78　山脊的布局规划
沿着山脊规划的高层住宅

外围道路　住宅区服务设施　住宅区内的主干路线　中庭住宅　住宅区服务设施　山脊绿化带　中央道路　停车场　山脊绿化带

山脊绿色学校

设施

山脊

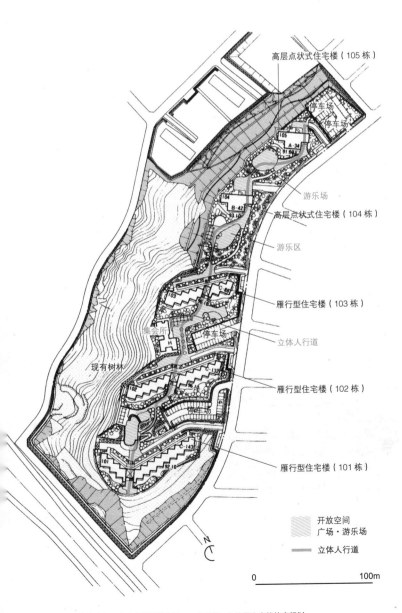

高层点状式住宅楼（105 栋）

停车场
停车场

游乐场

高层点状式住宅楼（104 栋）

游乐区

雁行型住宅楼（103 栋）

立体人行道

现有树林

雁行型住宅楼（102 栋）

雁行型住宅楼（101 栋）

图 3-79　"高座台团地住宅区"布局图
南侧三栋板式状住宅楼大体上是在朝南平行布局的基础上倾斜。其住宅楼的长度和曲折的位置（公共区域）也各不相同。北侧两栋是点状式住宅楼，立体人行道和开放空间在狭窄的山脊上和建筑连成一体并向前延伸

开放空间
广场·游乐场
立体人行道

0　　　　　　100m

土地平整 ⟶ 布局 + 住宅楼

东西方向狭窄的山脊
——雁行型布局和曲折的住宅楼，与穿插其间的立体人行道

高座台团地住宅区的山脊从北向南延伸，东西向很狭窄，顶部的地基将住宅楼在东西方向横切。因此无法在山脊上设置全程连续的立体人行道或开放空间。保存原始地形的西侧斜坡也因山势陡峭而难以利用。因此，立体人行道穿过住宅楼（图3-80、图3-81）并与公共区域连接，住宅

楼之间的绿色空间配备了游乐场（图3-84）。人行道沿斜坡南下，穿过住宅群，从山坡南端住宅楼底下穿过，通往前方最尽头的游乐场。虽然每个住宅建筑物都建在平坦的地基上，但可以看出各栋楼之间的连绵起伏（图3-82、图3-83）。

 布局　 景观

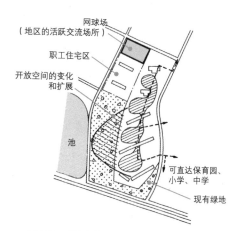

图3-80　"高座台团地住宅区"开放空间的思考方式
被保护的斜坡绿地被作为灵活的开放空间展开了许多活动。虚线为立体人行道

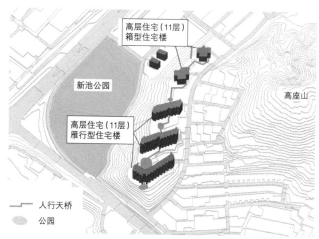

图3-81　"高座台团地住宅区"的开放空间现状
在立体人行道的空隙设置了游乐场

图3-82　专用人行道和凉亭位于西侧斜坡的绿地区域附近
停车场在左上，楼梯前方的专用人行道贯穿住宅楼

图3-83　住宅楼之间的空地（停车场）
可以看到远处斜坡上的树林。场地的高差在此处得以消减

图3-84　"高座台团地住宅区"的游乐场
为了将专用人行道、游乐场和停车场放置在狭窄的山脊上，巧妙地利用了原始地形的高差

为了让公共空间相互贯通，立体人行道贯穿了"高座台团地住宅区"所有高层住宅楼的一层。在前面所说的千里青山台团地住宅区和高森台团地住宅区中，为了消除底部的高差使用了对斜坡进行调整的底层架空柱，在这里用于容纳平坦地基上连接公共空间的专用人行道（图3-86、图3-88）。把一楼改成架空层，使得视线和动线没有障碍，显得四通八达。贯通住宅楼地面的视线和动线，融入建筑物间残留的地形起伏，使这里诞生出了千变万化的景观（图3-85、图3-87）。

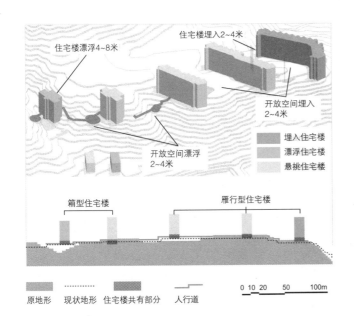

图3-85 土地平整前的原有地形和现有开放空间重叠的效果图、剖面图
住宅楼埋入部分通过挖方、住宅楼漂浮部分通过填方来建造。开放空间属于轻微的土地平整

图3-86 拥有被立体人行道贯穿的一楼架空空间的高层箱型住宅楼
架空层部分，被用于自行车停放处和公共入口大厅

图3-87 住宅间的台阶
车行道和台阶主要集中在住宅楼之间。最里面是车行道，前面是专用人行道的斜坡。人行天桥将这些地方横串起来，并贯通住宅楼

图3-88 处于最前端的游乐区
南端板状式住宅楼的"拐角"部分设置了一个公共入口大厅，通过那里，就可以到达尽头的游乐场

雁行型高层楼：在山顶建造，再加上良好的通风采光（一）

削去山顶而形成的场地东西向较窄，南北向较长，平面的形状蜿蜒曲折。公团的设计师们绞尽脑汁思考如何在这种困难重重的场地上建造住宅楼。在津端修一（1925—2015）⊖先生制定的"高藏寺新城规划"中，通过建造如同将山顶的山脊描摹下来的住宅楼，顺利地解决了这个问题（图3-79）。实际规划的时候，以朝南平行布局为基础，采用了适合放置在狭窄不规则场地的住宅楼。在宽度充裕的区域排布了雁行型的高层住宅楼（图3-89、图3-90），锯齿状的平面对通风采光十分

有利（图3-91）。我们来看看雁行型高层住宅楼是如何从土地平整和房间布局推演而来的吧。

⊖ 津端修一（1925—2015）
建筑师，城市规划师，也作为随笔作家被大家熟知。在日本住宅公团成立时进入公司。他创立的读取土地特性的景观营造手法对之后公团的设计产生了很大的影响。在高藏寺新城，一方面作为中心人物参与规划制定，另一方面也参与了让变成秃山的高森山复活的"橡果大作战"等城市建设。规划结束后他仍留在当地，一边实践厨房花园的生活，一边作为"自由时间评论家"继续对生活方式做出提案。著作有《自由时间新时代——生活小国的逃出法》（春书房）等。

布局 景观

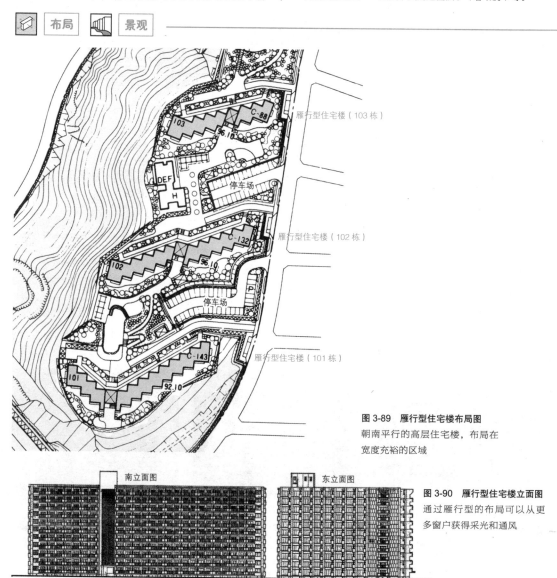

图3-89 雁行型住宅楼布局图
朝南平行的高层住宅楼，布局在宽度充裕的区域

图3-90 雁行型住宅楼立面图
通过雁行型的布局可以从更多窗户获得采光和通风

南立面图　　东立面图

像屏风一样竖立的雁行型布局（图 3-92、图 3-93）。这种带有特征性的外观作为高藏寺新城的地标也起到了十分重要的作用。雁行型的布局即使在狭长而不规整的场地中，也能排布出正对南向的住宅楼。也就是说，即使开口部朝南，也可以通过错开住户单元，使之成为与场地相适应的住宅楼形状。最南边的住宅楼不是强制改变住户的平面形状，而是通过将整个建筑物弯成"く"字形，就恰好可以紧挨着斜坡（图 3-89）布局。另外这种平面对住户的通风采光也颇有贡献。

↓↑

图 3-92　从西南看雁行型住宅楼（102 栋）
将住宅楼体量分段从而减少压迫感

房间布局

像"高座台团地住宅区"这样占地面积狭小的住宅区，设计时需要尽量缩小住户单元的宽度。为此不得不扩展其进深，但这对离窗户最远的最北端房间的通风采光是不利的。在"高座台团地住宅区"中，通过采用雁行型布局顺利地解决了这个问题。通过错开各个房间、各个住户单元的平面，在四个方向都设置了有利于通风采光的窗户（图 3-91）。另外，通常情况下，单走廊型的住宅楼会因为走廊一侧的窗户有暴露个人隐私的风险而时常紧闭，但在该住宅楼中利用雁行型布局，在公共走廊和住户单元之间设置足够的距离（图 3-95）和挑空空间（图 3-94）。有这种作为缓冲带的挑空空间的话，就不用在意走廊里经过的行人。雁行型布局不仅考虑到了全体住宅楼的布局，也达到了住户对室内环境及房间布局的要求。

图 3-93　从东南看雁行型住宅楼（102 栋）
不与对面的住宅楼窗户正对，有利于保护隐私

图 3-91　雁行型住宅楼"特74N-11C-3DK"平面图 1:200
各住户可朝四个方向设置有利于通风采光的窗户

图 3-94　公共走廊的挑空
不仅能保证良好的通风采光，也有助于确保走廊处开口的隐私

图 3-95　公共走廊
在走廊一侧的开口部也与公共走廊保持了充分的距离，让住户可以轻松愉快地共享空间

高层点状式住宅楼：在山顶建造，再加上良好的通风采光（二）

在基地中，有即便是宽度较窄的雁行型住宅楼也难于应对的地方。在这种情况下，专门用于放置在狭小不规则场地的点状式住宅楼可以填满这样的空间（图 3-96~ 图 3-99）。其不仅成为景观中的点睛之笔，也可以实现通风采光良好的房间布局。和雁行型住宅楼一样，是既能够满足土地平整又能满足房间布局的住宅楼。

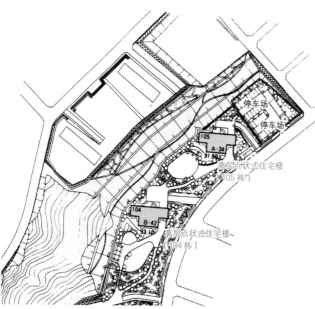

图 3-96　高层点状式住宅楼布局图

图 3-97　高层点状式住宅楼 南侧外观
一层四户的房间布局。因为住宅楼中央有挑空空间，所以能确保四户都可以四面开口

图 3-98　从北侧道路看向点状式住宅楼
北侧楼梯间和电梯间明显突出

图 3-99　高层点状式住宅楼立面图

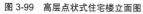

| 南立面图 | 东立面图 | 北立面图 | 西立面图 |

像千里津云台团地这种中层团地住宅区用的点状式住宅楼^(p.56)在高层团地住宅区也被采用。在高座台团地住宅区中，点状式住宅楼被设置在山顶最狭窄的地方。往高藏寺站方向望去，点状式住宅楼耸立在高座台的顶部，仿佛在指示这个团地住宅区的位置。和中层团地住宅区的情况一样，点状式住宅楼有着平面和住宅楼的体量较小、为单调景观增添活力等优势（图 3-100）。与住宅户数相比，点状式住宅楼墙体面积较大，不利于控制建筑成本，但是从当时的团地住宅区逐渐高层化的时代背景来看，能保证舒适度的点状式住宅楼的存在是必要的。

图 3-100　从南侧道路看向点状式住宅楼
建造在左边西侧坡绿地和右边公共道路之间的狭窄场地上

↓↑

 房间布局

点状式住宅楼在房间布局上有可以保证住户能获取更多采光面的特点。在高层住宅楼中也发挥了此优势。各住户在四个方向上设置了有效地用于通风采光的窗户（图 3-101）。因此从客厅到卫生间甚至浴室都设有窗户（图 3-103）。另外中间两户的公共走廊之间设置了挑空空间，因此可以不用在意走廊上的行人而随意打开和室的窗户（图 3-102）。

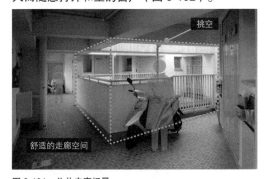

图 3-101　公共走廊场景
舒适的走廊。由于中央部设有挑空空间，使光线更加充足

图 3-102　内部挑空空间场景
北侧的和室也可以毫不在意行人的视线而将窗户敞开

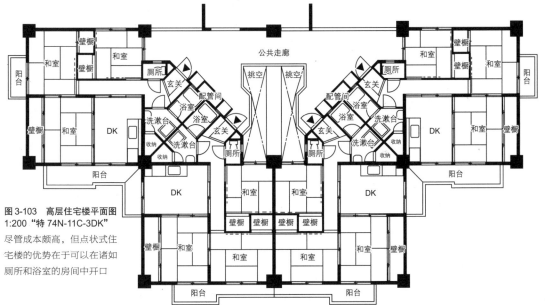

图 3-103　高层住宅楼平面图
1:200 "特 74N-11C-3DK"
尽管成本颇高，但点状式住宅楼的优势在于可以在诸如厕所和浴室的房间中开口

新千里东町团地住宅区（公团） （大阪府·千里新城）

新千里东町团地住宅区是公团大阪分公司引以为傲的团地住宅区布局规划的集大成之作。规划之初，在跟以千里新城为舞台展开设计的大阪府企业局进行激烈的"围合争论"

后，规划了此布局，在倾向封闭的围合型布局中加入了公团特有的开放性和流动性的要素。在规划"新千里东町团地住宅区（公团）"（图3-104）时，不仅仅局限于大阪世博会时作

合、扩展，公团布局规划的集大成之作

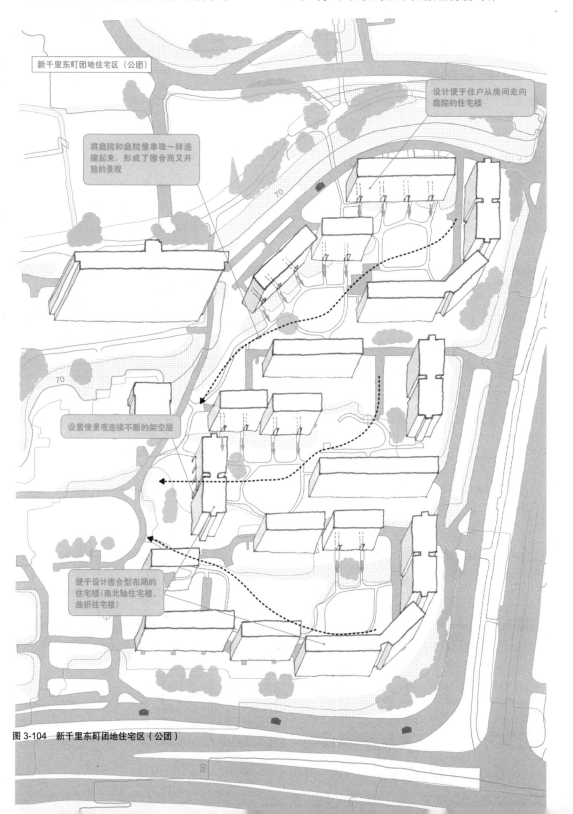

将庭院和庭院像串珠一样连接起来，形成了围合而又开放的景观

设计便于住户从房间走向庭院的住宅楼

设置使景观连续不断的架空层

便于设计围合型布局的住宅楼（南北轴住宅楼，曲折住宅楼）

新千里东町团地住宅区（公团）

图 3-104 新千里东町团地住宅区（公团）

面向自由布局的"新城式"土地平整

 地形 土地平整

在东南方向下行的高差为 10 米的斜坡上平整出 2 段阶梯式地形，的确是一个"有新城特色"的计划。为了确保拥有宽阔的平地，使得围合型布局的土地平整可以自由开展，基地内建造了两处高度不同的地基，其间有 4 米左右的高差。这与用地整体呈斜坡状的"千里青山台团地住宅区"形成了鲜明的对比（图 3-108）。

图 3-108 土地平整的构思与千里青山台团地住宅区的差异

设置了 4 米左右的高差，在阶梯式地形上进行土地平整，是极为标准的土地平整方法

 土地平整 布局

在团地住宅区内各处建造的庭院，和邻近的庭院们一个接一个地连接起来，使得整个住宅区像是流动着铺展开来（图 3-109、图 3-110）。这个同时满足了围合与扩张这种乍看之下充满矛盾的布局规划，作为让公团值得骄傲的布局规划的集大成之作来说名副其实。

图 3-109 "新千里东町团地住宅区（公团）"竣工时的布局图

不采用南面平行布局，而是采用围合型布局，各个围合的庭院自然地连接到中央公园。围合型布局的南北轴住宅楼共有八栋

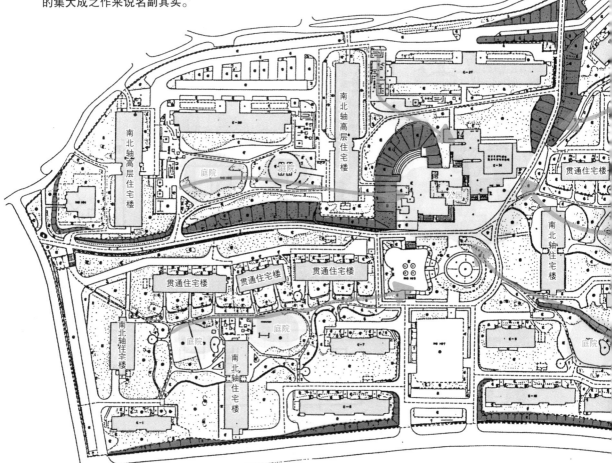

4米的区域

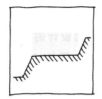

新千里东町团地住宅区

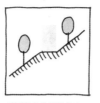

千里青山台团地住宅区

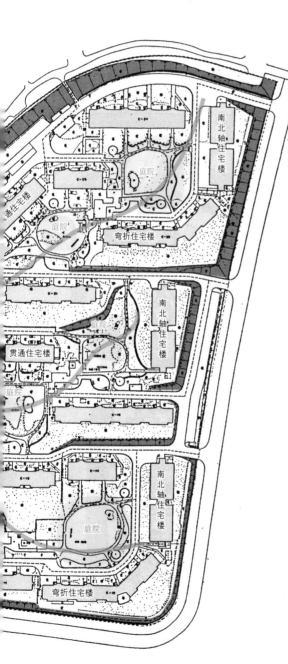

①人车分流的动线规划

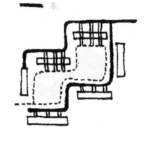

—— —— 人
———— 车

人车分流使行人和汽车的动线尽可能地不相交。步行到庭院的行人不用经过车道就可以走进住宅楼

②空间划分

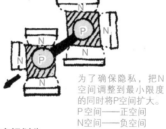

为了确保隐私，把N空间调整到最小限度的同时将P空间扩大。
P空间——正空间
N空间——负空间

庭院的中心被视为"正空间"，外围被视为"负空间"，靠近住宅楼的"负空间"的外部平面规划充分考虑了住户的隐私

③空间划分
起居类与服务类

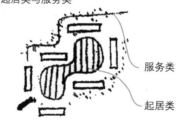

服务类

起居类

由于庭院是纯粹的生活场所，因此设想将道路等服务动线尽可能覆盖在围合范围之外

④管线的布局

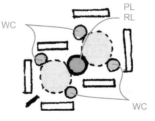

PL
RL
WC

WC

将庭院作为"休息""游戏"和"工作"的区域，并据此进行管线的布局

图3-110　庭院的概念图 （出自《团地住宅区设计思想　昭和30—43年》折页图）为了使围合与扩张得以成立，细致地思考动线规划和功能布局

公团流的围合型布局：围合与扩展共存

当时以朝南的平行布局为基础的公团也意识到了围合型布局的优势。即便如此，公团还是没有转向围合型布局的原因主要有两个：第一是"也许会导致对外封闭"；第二是"会产生很多不朝南的住户而导致不利于采光"。府营住宅在没有解决这些问题的情况下采用了围合型布局，随后这些问题便意料之中地浮出水面。另一方面，公团在不断研究如何解决问题的基础上，在"新千里东町团地住宅

区（公团）"采用了围合型布局。幸运的是这个住宅区具备了解决问题的条件。一是因为土地平整后的场地是南侧的一块平坦土地，可以不必处理高差而自由地进行布局规划，另外，该住宅区作为大阪世博会的宿舍而进行特殊设计。在没有标准设计限制的情况下，制定出了能够对应不朝南的住宅楼房间布局规划。这样公团期望的在围合的同时又自然地与外界相连的围合型布局便得以实现。

图 3-111　"新千里东町团地住宅区（公团）"庭院
院子里的小路仿若串珠一样自然地和深处另一个院子串联在一起

图 3-113　"新千里东住宅（府营）"庭院
无论朝哪个方向都是同一类型的住宅楼。当初意图使人车分离，但是因为停车场数量不足，所以庭院变成了车辆停驻的场所

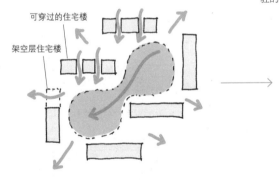

图 3-112　"新千里东町团地住宅区（公团）"布局概念图
庭院成为去车站和上班上学的优选路线，流动相连的动线规划颇有成效

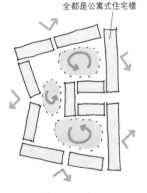

图 3-114　"新千里东住宅（府营）"布局概念图
庭院成为与外部隔绝的空间

与府营住宅相比，这里的围合方式比较松散。围合的四角都是向外大大敞开，视线和动线都被设计得能够与外界轻易相连（图 3-112）。与相邻庭院在对角线上的动线贯穿在一起，使住宅区整体向四周展开（图 3-109）。架空层住宅楼和能穿过庭院的住宅楼等也相互组合，减轻了封闭感，还添设了吸引人们滞留于此的设施（图 3-111）。由于周围有几种类型的住宅，因此景观也不会像府营住宅那样单调。

为了更明确地区分住宅区的内外，这里用住宅楼来围合庭院（图 3-114）。由于将从外部进入的通路数量控制到了最少，庭院之间的连接也比公团弱，使得行人很难进入住宅区里面。也因为楼梯都设置在外侧，所以住宅楼的住户想要去庭院的时候，必须先从外侧出去才能进入。另外东西南北都围合着相同类型的住宅楼，所以没有方向性，导致庭院的景观也了然无趣（图 3-113）。

南北轴住宅楼——弯折住宅楼：形成围合型布局，
为大阪世博会设计的特殊住宅楼和房间布局

为了完成围合型布局，需要将南北方向较长的住宅楼（南北轴住宅楼）在东西侧形成围合型布局，根据地形的不同，还必须将住宅楼弯折成"〈"字形。最开始府营住宅通过改变标准设计的住宅楼朝向来处理，但还是会导致不朝南的住户生活环境欠佳的问题。与此相对，公团新设计了一套用于围合的住宅楼。在住宅楼可以单独定制的背景中，1970 年召开的"大阪万国博览会"

（以下称为大阪世博会）功不可没。"新千里东町团地住宅区（公团）"是为了举办大阪世博会而建设的外国人职工宿舍，因此给予的设计条件和标准设计不同，也就是说需要进行特殊设计。住宅形式号码的末尾也附有"万"字样，其作为特殊设计的定位是十分明确的。公团的设计师们将这些设计条件灵活地运用，实现了理想的布局规划。

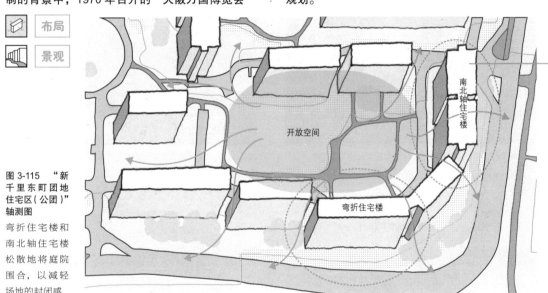

布局

景观

图 3-115 "新千里东町团地住宅区（公团）"轴测图
弯折住宅楼和南北轴住宅楼松散地将庭院围合，以减轻场地的封闭感

弯折住宅楼

住宅楼 ⟶ 房间布局

图 3-116 弯折住宅楼外观
从中间可以看到楼梯间的平台。以钝角连接两个建筑物使得立面的形象随之一变

图 3-117
弯折住宅楼平面图
1:200 "特 670-5N-2DK3DK 万"
通过将楼梯间布局在柱网以外，空间得以布置得更宽敞

为了与新千里东町场地的边角部分（图 3-115 右下部）更加契合，需要建造一些略微弯折的住宅楼。如果在建筑物中间弯折的话，就会形成不利于使用的梯形房间。所以此处的两个住宅楼以钝角连接，楼与楼之间用不规则的楼梯连接起来（图 3-116）。楼梯间部分向南侧打开（图 3-117），起到缓和庭院封闭感的作用。

在通常的楼梯间型 3DK 中，楼梯被矩形的平面所限制。但是，在"特 670-5N-2DK3DK 万"中，由于楼与楼之间由处于柱网之外的不规则的楼梯进行连接，矩形内可以完全作为居住空间进行设计。因此，北侧的和室和用水设施可以布置得比平时更宽敞舒适（图 3-117）。

图 3-118 "新千里东町团地住宅区（公团）"的南北轴住宅楼

南北轴住宅楼是白天无人的单身者专用住宅楼

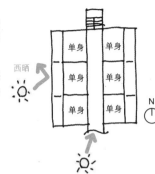

图 3-119a 遮阳罩

图 3-119 "新千里东团地住宅（府营）"的南北轴住宅楼

遮阳罩（图 3-119a）固定在西边窗户上。遮阳罩两侧突出的是楼梯间和阳台（图 3-119b）

西晒

图 3-119b 房间布局

南北轴住宅楼中"因为容易受到西晒的影响，夏季的傍晚室内会变得很热""窗户不朝南，白天无法获得充分的采光"等居住环境上的问题也是不可忽视的⊖。在府营住宅中，以往住宅楼的西面窗户上都安装了遮阳罩，以解决西晒的问题（图 3-119），公团新设计了一个南北轴专用的东西进深充裕的阳台，打造了一个用于躲避日晒的住宅楼（图 3-118）。

⊖ 关于住户单元朝南和朝东、西的日照影响有多大差别，在昭和 38 年（1964 年），大阪府企业局对之前建造的公团住宅进行了实际调查。得出的结论是，朝南的日照虽然优于朝东、西方向，但并没有太大的差别。

🏢 住宅楼

以朝南平行布局为基准的公团在使用了围合型布局的"新千里东町团地住宅区（公团）"中，设计了围合东西方向的南北轴住宅楼（图 3-120）。沿南北方向的狭长场地布局，为了能使底层和庭院相连，因此底层的一部分变成了架空层(p.76)。东西面设置了房檐突出幅度较大的阳台（进深 1.1 米），这是为了尽量避免西晒的日光照射外墙和进入室内。

图 3-120 南北轴住宅楼外观

房檐突出幅度较大的阳台将西晒刺眼的阳光变得柔和了一些。底层有一部分是架空层

房间布局

作为大阪世博会的外国职工宿舍的先决条件而规划的小规模住户。因为设定为外国人居住，所以层高和开口被设置成比通常高 5 厘米左右。浴室、卫生间和厕所都集中在一个房间里，估计也是考虑到外国职工居住的缘故（图 3-121）。另外，宿舍在大阪世博会闭幕后，作为单身者专用的住宅楼来使用。考虑到单身者白天工作不在家，住户单元没有必要朝南。因此在南北走向的走廊两侧排列着单身者居住的朝东、西两面的住户单元。

图 3-121 南北轴住宅楼平面图 1:200
"特 670-5C-1DK-M-R1- 万"
为了弥补采光的缺陷，开口设计得很宽

架空层住宅楼、通路型住宅楼：给住宅楼开口

在新千里东町团地住宅区（公团）中为了使庭院更加开放，成为使整个场地能够连续扩展的场所，决定在住宅楼上设置开口（图 3-122、图 3-123）。府营住宅的围合型布局导致了从住宅楼的外面难以进入庭院的问题。另外，千里津云台团地住宅区的 N–S 组合住宅楼（p.50）也被认为是其他住宅楼的住户难以踏入的空间。在新千里东町团地住宅区（公团）中，除了住宅楼之间的间隙之外，还通过设置架空层以及连接住宅楼的"里（庭院侧）"和"外（楼梯间侧）"的通路（图 3-126），使得视线和动线都能与庭院内外相连（图 3-124、图 3-125）。

🧊 布局　📐 景观

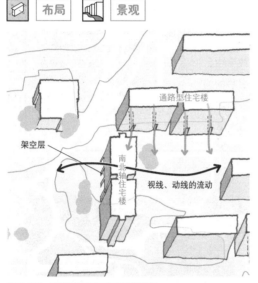

图 3-122　南北轴架空层住宅楼轴测图
从庭院到中央部的公园，视线、动线都可通过底层架空穿透

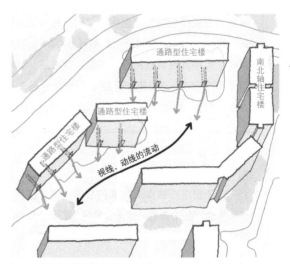

图 3-123　通路型住宅楼轴测图
住宅楼北侧的人和下楼梯的人都可以直接进入庭院

南北轴住宅楼

🏢 住宅楼

图 3-124　南北轴住宅楼立面图
设置架空层形成连续的景观

图 3-125　架空层外观
视野穿透三个方向，拓展出明亮的空间

南北轴住宅楼中有两栋的底层是架空层。周围的铺装十分自然地延伸到架空层，是为了保持景观的连续性。

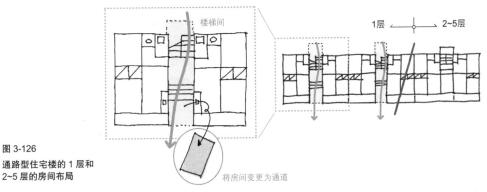

图 3-126
通路型住宅楼的 1 层和
2~5 层的房间布局

将房间变更为通道

为了打造更易于进入的庭院，"千里津云台团地住宅区"^(p.50)采取了南入口的住宅楼，设置了可以从住户单元下来后直接进入庭院的南侧楼梯间，但是这个解决方案会导致南侧的开口被楼梯间占用，所以在居住环境上还是存在问题。"新千里东町团地住宅区（公团）"在此基础上，提出可以直接从楼梯北侧到达庭院的规划。为了确保从楼梯到庭院的通道，将一楼的一部分在标准设计的基础上变更为用于通行的空间（图 3-126）。

🏢 住宅楼

乍一看是普通的公寓式住宅楼，细看的话在一楼有好几个地方设置了开口（图 3-123）。这些开口连通至楼梯间，是去往庭院的通道（图 3-127）。新千里东住宅(府营)的围合型布局中如果不经过外面的话就无法进入到庭院内部，新千里东町团地住宅区（公团）则可以在下楼梯后直接走进庭院（图 3-128）。

图 3-127　通道处照片
从楼梯间可以看到通道和庭院

图 3-128　通道型住宅楼外观
开口处设有漏斗状的篱笆，吸引人们进入住宅楼

🏠 房间布局

楼梯间左右侧设有 2DK 和 3DK 的房间布局。同样的房间布局作为标准设计在其他的住宅区也能经常看到，不过，新千里东町团地住宅区（公团）把一层的 3DK 的四个榻榻米房间和阳台、仪表箱的空间换成了通往庭院的通道。这种布局形式加强了庭院和住宅楼的联系，使住户能够自如地使用外部空间。两层以上通常是 2DK 和 3DK 的房间布局（图 3-129）。在早期的公团住宅区中，总公司制定的标准设计有时会被分公司改造成独有的标准设计，新千里东町团地住宅区（公团）就是其中之一。

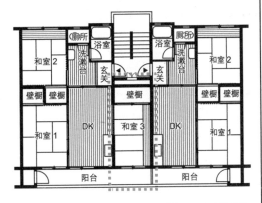

图 3-129　通道型住宅楼平面图 1:200 "特 670-5N-3DK 万"
一层用虚线表示的四个榻榻米的部分，可以改建成通向南侧（庭院侧）的通道

千里高野台住宅（大阪府・千里新城）

平缓山谷中孕育的公与私的连续性

千里高野台住宅是千里新城建设初期完成的府营住宅（图3-130）。当时的府营住宅受到雷德朋体系的影响，其特点是用住宅楼将整个场地围合起来，并在内部规划面积较大的庭院。千里高野台住宅的庭院还引入

了公共设施，可以说是实现了当时府营住宅设计思想的团地住宅区之一。将研钵状地形的中央部分作为庭院，将住宅楼安置在山脊上，实现了节省土地平整工程的同时，避免了在倾斜地区上建设住宅楼。

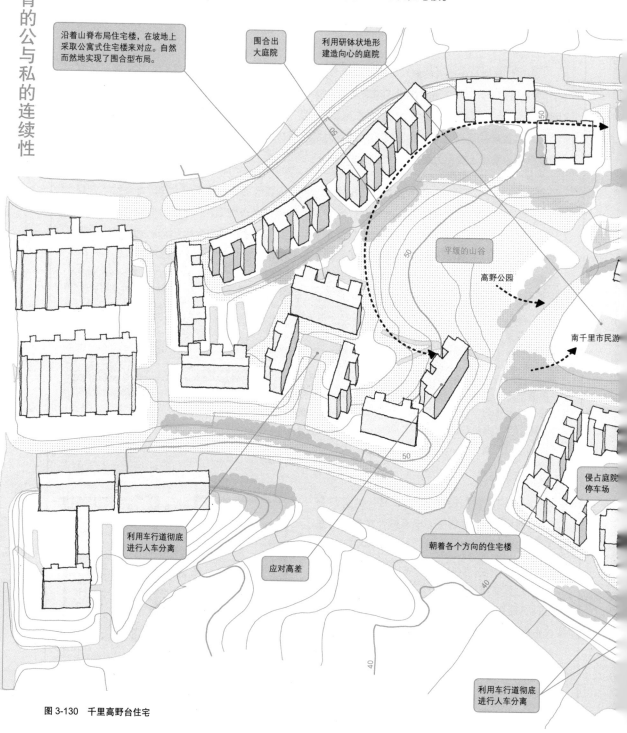

沿着山脊布局住宅楼，在坡地上采取公寓式住宅楼来对应。自然而然地实现了围合型布局。

围合出大庭院

利用研钵状地形建造向心的庭院

平缓的山谷

高野公园

南千里市民游

侵占庭院停车场

利用车行道彻底进行人车分离

应对高差

朝着各个方向的住宅楼

利用车行道彻底进行人车分离

图3-130 千里高野台住宅

所在地：大阪府吹田市高野台
竣工年：1965 年
层数：4 层、5 层

为了应对围合型布局，采用了无论面朝东西南北哪个方向其居住环境都不会受到太大影响的房间布局。为了应对高差等场地特性，公团住宅主要以住宅楼本身为出发点，而府营住宅则以住宅楼布局为出发点。通过这个住宅区我们可以明显地看到它们之间的差异（图 3-131）。

图 3-131 看向"千里高野台住宅"中围合了高野公园的住宅楼

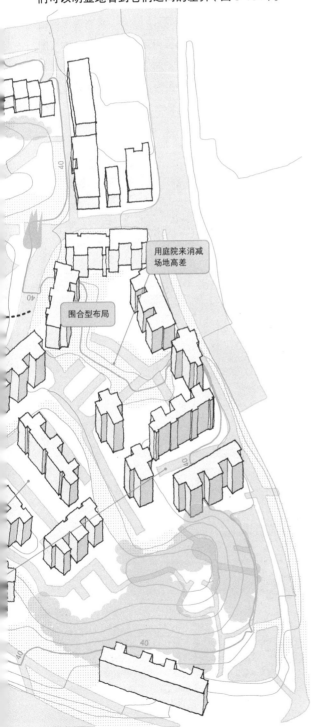

用庭院来消减场地高差

围合型布局

设计过程

地形

平缓的山谷

减少土地平整量

土地平整

应对高差

围合型布局

布局

围合成大庭院

用庭院来消减场地高差

住宅楼

只能在平地建造

公寓式住宅楼

朝着各个方向的住宅楼

房间布局

无指向性房间布局

卧室

DK

卧室

[65-5RF₃-2DK-1₂]

地形
+
土地平整
+
布局、景观

住宅楼
+
布局、景观

布局、景观
+
房间布局

千里高野台住宅——平缓山谷中孕育的公与私的连续性

保留着平缓山谷地形的围合型布局和公园

府营住宅的"千里高野台住宅"拓展到了曾经被称为"大和谷"的一个起伏平缓的山谷（图3-132）。千里新城的开发规划是从较易进行土地平整的南侧住宅区开始的（住宅楼记号中记载的 A 佐竹台、B 高野台、C 津云台的首字母基本相当于开发的顺序）。起伏较小的高野台是将原有的山谷进行土地平整而建成。大阪府企业局当初规划将面向周边道路布局并围合成庭院的围合型住宅楼全面导入千里新城。自那之后，场地被分配给不同的住宅供给主体。在由公团负责的住宅区中，住房布局规划从"围合型"更改为"南侧布局"，并在大阪府进行

的粗略土地平整基础上重新进行了土地平整。一方面，大阪府负责的"千里高野台住宅"继承了当初的围合型住宅楼布局，在土地平整上并没有发生较大变更。并且在千里高野台住宅中，全体住宅楼将中央的高野公园（图3-133、图3-136）围合起来。因此中央的高野公园和周围的绿地，还有住宅的私人庭院以及楼间的绿地都相互连接，浑然一体（图3-137）。这样的联系似乎成为围合型布局的庭院型住宅楼的魅力所在。另外，高野公园还设置了公营游泳池，成为当地人夏季的休闲之所。

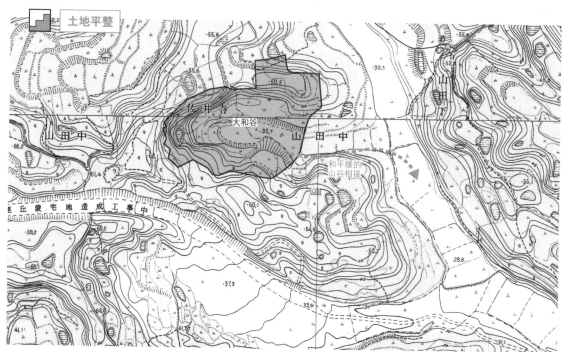

图 3-132 大和谷（1961年）

"千里高野台住宅"的场地，曾经被称为"大和谷"。可以看出其东侧与山谷相接

图 3-133 高野公园（原大和谷公园）

公园内仍然保留着平缓的地形。右边有公营的南千里市民游泳池

图 3-135 高野公园内南千里市民游泳池
作为夏季休息场所的公营南千里市民游泳池。可以清楚地看到被背后的住宅楼围合的样子

图 3-134 从东侧眺望高野台 1 丁目（1962 年左右）
右边最里面可以看到被住宅楼围合的高野公园（原大和谷公园）。干线道路左边（南侧）是"佐竹台团地住宅区"。沿着干线道路看到的树林是如图 3-140 所示的保留的绿地

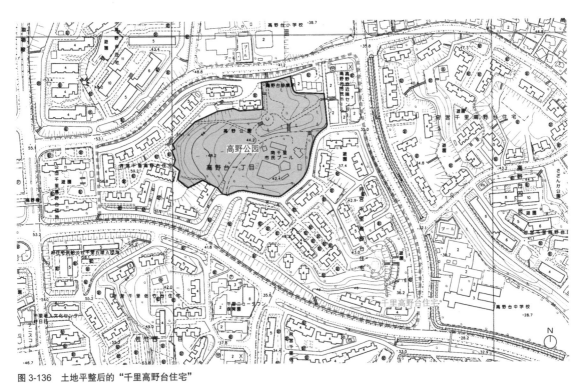

图 3-136 土地平整后的"千里高野台住宅"
把研钵状地形的中央部分当作庭院并设置公营游泳池。沿着山脊布局住宅楼节约了不少土地平整的工夫

图 3-137 千里高野台住宅西北部的住宅楼
位于右下排水沟左侧的是楼间绿地。右边有高野公园。由于没有栅栏，公园和住宅楼自然地连接在一起

山谷和丘陵间的袋状小路，围合山谷的住宅楼

"千里高野台住宅"拥有围合着平缓山谷的住宅楼布局，从住宅区干线道路向其望去的话，住宅楼群的外墙位置统一，从而形成了整齐划一的街道景象（图 3-138）。围合街区的住宅楼群的一部分凹陷，用于集中设置停车场、通道以及楼梯间等通行空间。千里高野台住宅的场地虽较为平缓，但也有一定的起伏。并且住宅楼的外围道路与住宅楼的凹陷部分存在高差。从平面形态看起来一样的入口处，一到现场就会呈现出立体的景观（图 3-142）。此外，停车场沿着外围道路起伏的地形设置，仿佛是之后多摩新城采用的"自然地形方案"的斜坡停车场一般（图 3-139~ 图 3-141）。

图 3-138 府营"千里高野台住宅"土地平整图
位于高野台 1 丁目，高野台中学西侧的府营千里高野台住宅及其周边。从东南方向延伸出来的丘陵的顶部作为被住宅楼围合的"保留的绿地"被引入内部

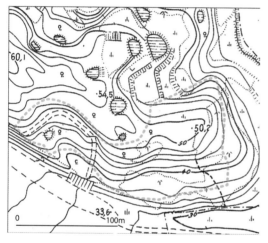

图 3-138a 原地形

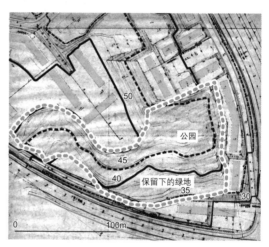

图 3-138b 土地平整图

图 3-139 保留下的绿地和公园的景象
开发以前就有的丘陵的一部分现在也作为绿地被保留。虽然有滑梯和游乐设施，但因为不是"城市公园"，所以伴随着附近住宅的改修，有被拆迁的风险

图 3-140　高野台 1 丁目指示图
可以清楚地看到住宅楼面向周边道路的围合型布局。现在的"高野公园"曾经被称为"大和谷公园"。可能因为这是受当地欢迎的爱称，所以仍沿用在指示板上

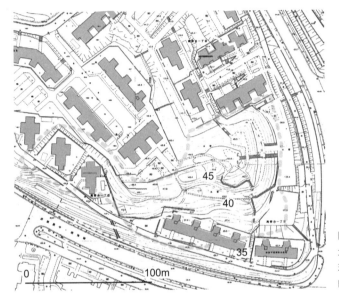

图 3-141　"千里高野台住宅（府营）"土地平整图
大体上继承了图 3-138 中的大阪府企业局的土地整理规划，可以看出有了住宅楼布局、开放空间规划的内容

图 3-142　通往住宅楼的交通道路的嵌入部分
由于是围合型布局，因此各个住宅楼的公共空间和停车场以及住宅楼的入口道路的嵌入部分彼此相对。在充分利用地形起伏的"千里高野台住宅"中，根据位置不同，这种道路有时会形成高差，成为一个变化丰富的公共区域

被停车场"占领"的庭院和未被占领的斜坡

围合型布局的一个特征是，住宅楼所围合的内部空间是行人专用的，外部空间则用于机动车的交通，从而实现人车分离。"千里高野台住宅（府营）"中进一步体现了这个特征。住宅楼的前庭和前面的绿地，还有与绿地相邻的高野公园之间的边界，蓦然一瞥很难发现。住宅楼前庭—绿地—公园，虽然各自的空间要素随着人体尺度和地形起伏被平缓地区分开来，但庭院和公园绿地确实达到无缝衔接。

在千里新城的开发规划中，意图利用被住宅楼围合的庭院的开放空间来形成"社区"。但在当时，具体的开放空间的使用方法并未确定且尚未成熟。住户们也并没有习惯使用这样的公共空间。正对庭院的住宅楼前庭里，虽然有居民个人管理的花坛和田地，但是正中央还残留着未使用的"空地"。

 布局   景观

图 3-143 侵蚀了围合型住宅楼内部空间的停车场
在能进入的微小高差的范围内，停车场像"蚁穴"一样在内部空间扩展开来

图 3-144 侵蚀围合型住宅楼的停车场
在左侧，可以看到逐渐占领斜坡下方的停车场。即使有高差，从斜坡下方到各个住宅楼的斜坡通道旁只要有平整的地面，就可以用来停车。在住宅区更里面的地方也分散着停车场。但右侧住宅楼周围的区域几乎没有被停车场侵占。可以清楚地看到游乐场、楼梯和斜坡的位置

一方面，在经济高度增长期，日本国内的私家车数量逐渐增加，团地住宅区居民的私家车持有率也稳步上升。当时，团地住宅区内车位数的规划变更的必要性逐渐提高，公团的住宅区等根据"综合团地住宅区环境整备事业（综合团环）"的规定增设了停车场[p.55]。

与之相对，围合型布局的府营住宅区采取了"将被住宅楼围合的庭院作为停车场"的方针。规划时设计的袋状小路（死胡同）由于住宅楼间隔小且高低悬殊，不适合作为通向庭院的道路。于是，车行道利用住宅楼间的缝隙侵入庭院，然后进一步分支将庭院侵蚀，扩展出停车场（图3-143），这是当初没有预料的。最后除了作为公园和游乐场等设备已经齐全的开放空间，以及原先土地平整时留下（道路的倾斜度无法达标）的斜坡之外，庭院里"当时没有充分使用"的平地全部被停车场占领（图3-144~图3-146）。纵观整个过程就好像在观察生物的成长模式一般。

 布局　 景观　 土地平整

图 3-145　停车场向庭院"侵蚀"的变迁
由于场地的高差和斜坡可以产生各种各样的景观

图 3-146　停车场"侵蚀"的变迁
停车场并不是从原本就规划好的袋状小路侵入，而是从当初完全没有预料到的楼间缝隙侵入庭院。避开了斜坡和现有的游乐场，像"变形虫状"发展

追求围合型布局的住宅楼，围合型布局追求的房间布局

围合高野公园区域的布局不是只遵循了雷德朋体系，还有迫不得已的理由。相对于给具有高差的场地设计了专用住宅楼的公团来说[(p.72)]，府营住宅主要对应平地上的住宅楼。如果在研钵状的场地上寻求可以安置公寓式住宅楼的平地的话，就只能将住宅楼布局在山脊上（图 3-149）。这也导致了围合高野公园区域的形态，但这恰好与大阪府企业局所追求的围合型布局不谋而合。这真是原有地形和住宅楼形式与雷德朋体系完全匹配的绝妙布局方式（图 3-147、图 3-148）。为了对应围合型布局，住宅楼朝向东西南北各个方向，同时采取了应用较少的房间布局。在千里新城里被大量采用的 2DK "65-5RF$_s$-2DK-1$_2$"（图 3-153）中，精心设计的房间布局使其内外的指向性都较弱，无论面朝哪个方向，都不会对室内的使用产生较大的负面影响。在府营住宅中，则是通过从地形到房间布局的全盘考虑，调整至现在的形态。

布局　景观

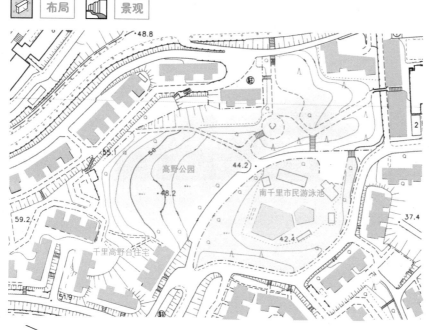

图 3-147　高野公园的围合型布局
沿着比较平坦、有微小高差的山脊放置了公寓式住宅楼

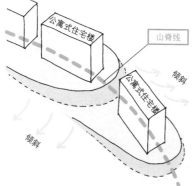

图 3-148　沿着山脊布局的住宅楼
沿着地形变化较小的山脊线进行布局的话可以减少土地平整的作业量，只需要放置公寓式住宅楼就可以与地形很好地结合

图 3-149　从庭院一侧望去
可以看出地形从住宅楼的底层部分就是倾斜的

公寓式住宅楼外观呈现平整的矩形（图 3-151），之后在阳台上扩建了浴室和卧室（图 3-150）。公团住宅在地形复杂的情况下设计了可以与其相对应的住宅楼，府营住宅在这之后也基本使用这一种住宅楼形式来应对复杂的地形（图 3-152）。

图 3-150 "千里高野台"外侧的外观（二）
浴室和卧室扩建后的现在阳台一侧的样子。前面是扩建部分

图 3-151 公寓式住宅楼的侧面
右侧是原有的住宅楼，左侧是增建部分

图 3-152 "千里高野台"外侧的外观（一）
外侧的外观就像城墙一样。西面为了防止西晒、窗户上安装了遮阳罩（檐篷）

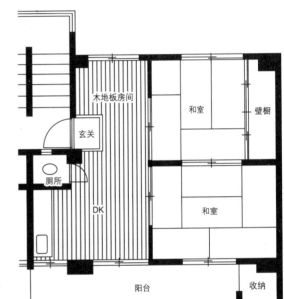

房间布局

千里新城建成的 20 世纪 60 年代，被建造最多的 2DK 房间布局是"65-5RF$_s$-2DK-1$_2$"（图 3-153）。当时的府营住宅没有设置浴室。为了更方便居民的使用，府营住宅在离邻里中心最近的位置建造了一个公共浴场。

从形式编号来看是 2DK 的房间，在玄关处还多设置了一个有着大小约三个榻榻米左右的木地板的多功能房间。这个多功能房间可以作为书房和客厅，填补了在 DK 和卧室中放置不下的功能。

阳台侧和楼梯侧分开来看，同样都是由"木地板房间 + 和室"构成。因此指向性很弱，即使南北（图 3-153 的上下）反转，住户整体的使用方法也不会发生大的变化。当时的府营住宅采用了住宅楼大面积围合场地的布局。虽然根据围合的位置住宅楼各自的朝向也各不相同，但都采用了与方位无关的相同的房间布局（图 3-154、图 3-155）。这种方向指向性弱的平面很适合用于围合型布局。

图 3-153 平面图 1:100 "65-5RF$_s$-2DK-1$_2$"

图 3-154 室内模型
玄关里面是被用作多功能房间的木地板房间。这张模型照片几乎和"65-5RF$_s$-2DK-1$_1$"完全一样

图 3-155 没有指向性的房间布局
将阳台侧、楼梯侧分开来看也并无方向上的差别，可以灵活对应各种朝向的围合型布局

并木1丁目、并木2丁目团地住宅区 〔神奈川县·金泽海滨城〕

在横滨市金泽区的填海地，金泽海滨城是作为工厂就业者的住宅来规划的（图3-156）。它被分成三个街区，每个街区的设计思想的差异，诞生了富有个性的城市景观。整体规划和"并木1丁目团地住宅区"由桢文彦设计，"并木2丁目团地住宅区"的设计由内井昭蔵、神谷宏治、藤本昌也、宫胁檀等四人合作。即使在相同条件下设计

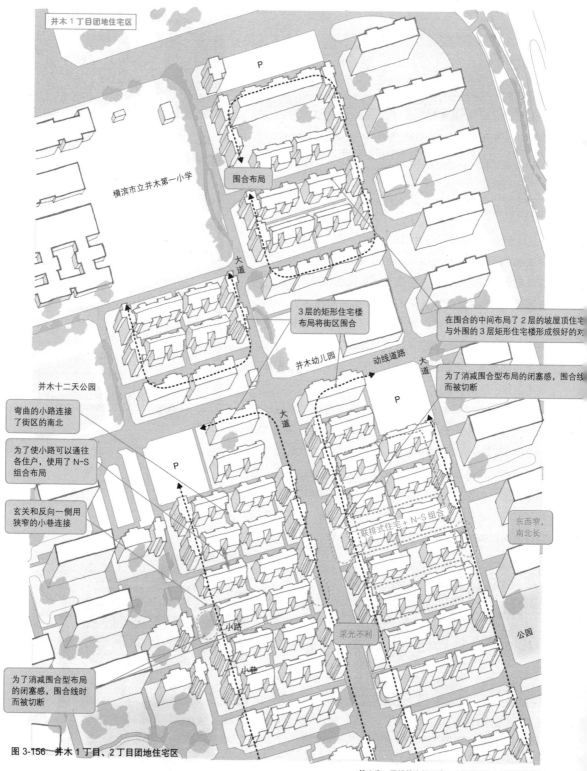

并木1丁目团地住宅区

P

横滨市立并木第一小学

围合布局

大道

3层的矩形住宅楼布局将街区围合

在围合的中间布局了2层的坡屋顶住宅与外围的3层矩形住宅楼形成很好的对

并木幼儿园

动线道路

大道

为了消减围合型布局的闭塞感，围合线而被切断

并木十二天公园

P

弯曲的小路连接了街区的南北

为了使小路可以通往各住户，使用了N-S组合布局

大道

P

联排式住宅＋N-S组合

东西窄，南北长

玄关和反向一侧用狭窄的小巷连接

小路

采光不利

公园

小巷

为了消减围合型布局的闭塞感，围合线时而被切断

图3-156 并木1丁目、2丁目团地住宅区

创造海上住宅区——填海的基准、街道的构成

图 3-159 在基地周边扩张的原有海岸线
在浅滩的海水中耸立着连绵不绝的海蚀崖

图 3-161 现在的舟入池
从舟入池的形状也可以识别出从周边地区偏移的线

·浅滩的海和海蚀崖

作为对象地的横滨市金泽区的海岸线，当时南北细长的自然海岸还残留着，海岸线有浅滩和陡峭的海蚀崖（由于激烈的海浪侵蚀而形成的峭壁）。沿岸有紫菜和裙带菜的渔场，被用作渔港和渔村等生活场所（图 3-159）。

·海岸线的"偏移"和绿地带

现在的金泽海滨城的海岸线，是由以前的海岸线的平面形状（海滨、岬）"偏移"而成（图 3-160）。这可能是因为填海本身是从内陆侧和大海侧（通过疏浚砂土）两个方向同时推进的，但是设备和设施等可能与从内陆侧逐步推进有关。在并木 1 丁目和并木 2 丁目之间留下的"舟入池"的形状，也可以识别出从周边地区偏移的线。

·作为"垂线"的河流

相对于与原有海岸线平行的填海轴，与海岸线正交的"垂线"是两条河流（富冈川、长滨水路川）（图 3-160、图 3-161）。河流的作用是使内陆侧的排水可以流到海里，与大海以最短距离连接在一起（图 3-160）。另外，在内陆的海蚀崖附近，有检疫所和美军小柴储油设施等重要设施。同时还有连接这些设施与大海的肉眼看不见的线。特别是铺设在地下的连接海上油轮与储油设施的输油管道（图 3-161），导致连接"并木 1 丁目团地住宅区"内的市营第 3 住宅和 3 丁目的桥梁计划被中止，直接影响了现在的城市建设。

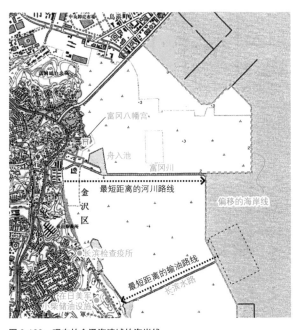

图 3-160 现在的金泽海滨城的海岸线
能很清晰地看出是由原来的海岸线偏移填海建造而成

图 3-163 是以前金泽海滨城市南侧的相关渔业权图。如图 3-163 所示，紫菜、裙带菜的渔场以块状分布在沿岸，在预定填埋法线外（海面），还分布着疏浚（清除海底泥沙）的预定区域。图 3-163 中，在海湾中央右边看到的名为"贻贝根"的渔场，现在成了公园的名称，继承着因渔业而繁荣的城镇的记忆（图 3-162）。

图 3-162 现在的"贻贝根公园"
作为渔场消失的免罪符，公园名称继承了过去渔场的名字

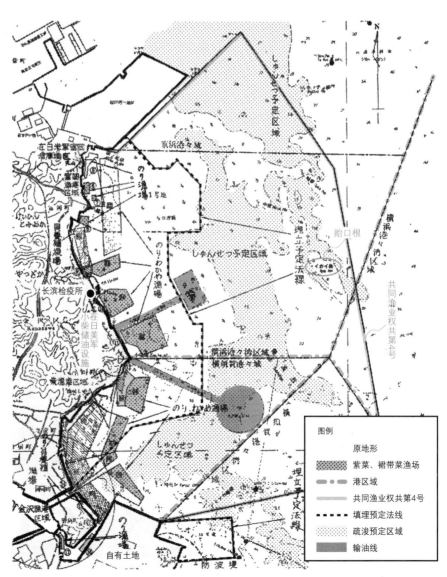

图 3-163
金泽自有土地填埋规划的金泽地区
相关渔业权图 [→文 3·23]

金泽绿地和住宅楼周围的微地形

金泽海滨城的街道也和原有的海岸线、海蚀崖有着"平行"的结构（图3-164）。海岸线和海蚀崖的正中央纵贯南北的"金泽绿地"，作为住宅区和工厂之间的缓冲绿地，分割了地区（图3-168），也作为地区的交通中枢发挥其作用（图3-165）。以常绿阔叶树为主的"潜在自然植被"的绿地，现在已经茁壮成长，伴随着地形的起伏增加了其存在感。根据这个绿色地带、河流和水路，街区被分割成6个部分（并木1~3丁目）。开发前由于海岸没有所谓的原有地貌，在平坦的填海地上规划的金泽海滨城的地形则没有太大的起伏，只有在住宅楼周边有着"褶"状的微小起伏（除去并木1丁目高层建筑）（图3-166、图3-167）。这个起伏由填方和客土⊖堆积而成，主要是为了能在海岸填埋地上种植高大树木，防止填埋土壤的盐类堆积，保证流向河流的自然排水坡度。在2丁目虽然通过住宅楼和起伏地形的衔接促成私有空间和公共空间的形成，但是乍一看给人"起不到什么作用"的感觉。

⊖ 客土是指非当地原生的、由别处移来用于置换原生土壤的外地土壤，通常是指质地好的沙壤土或人工土壤。制作满足这些条件的客土，仅依靠自然土壤是不够的，还需人工添加其他物质。

图 3-164　曾经的海岸线和绿地
总体规划："创建人工湖和公园，并将旧的海岸线用作娱乐区。①在长滨港建造儿童玩耍的地方；②利用了富冈崖宏大的规模并拥有曲线水岸的水上公园；③富冈八幡宫，在东滨附近的一段小而错综复杂的海岸线上，有一条平直的池塘；④在其他海岸线上有一个草坪公园"[→文3-24]

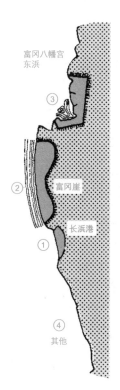

富冈八幡宫
东浜

③

② 富冈崖

长浜港

①

④
其他

图 3-165　金泽绿地

图 3-166　并木 1 丁目散步道

图 3-165　金泽绿地
金泽绿地是将工厂和住宅区分开的缓冲地带，是唯一一个在平坦的填海地中可以称作"地形"的地方。绿地向南北延伸，种植着当地产的常绿植物

图 3-166　并木 1 丁目散步道
散步道两侧设有 2~3 米左右的种植带。从地平面表面呈假山状隆起，形成了步道与两侧的住宅区、公园隔开的形式

图 3-167　住宅区中可见的微地形
填海地平坦的住宅楼之间的地形有微妙的起伏

图 3-167　住宅区中可见的微地形

工厂　　　　港湾路　　　　　缓冲带　　　　　住宅区

图 3-168　道路、工厂的噪声对策
考虑到相邻工厂地带的噪声和排气的影响。整体规划里提到"通过缓冲区（堤坝、树林带）来隔声"[→文3-24]

道路层级构造和专用人行道（45°倾斜）

金泽海滨城基本没有受到原地形的限制和过去的土地利用状况的影响，完全规划在"平坦"的土地上。在整体规划（图 3-171）阶段，整个新城是由沿新城南北方向道路的方形街区规划而成。金泽海滨城据说是横滨市城市设计的发祥地之一，但整体规划后实际进行的城市设计则根据地域的不同有着很大的差异。本书以北侧的并木 1 丁目和正中间的并木 2 丁目为对象，从布局、景观到住宅楼的设计方针的差异及其在"没有对象的情况下"的调整进行了一番思考。

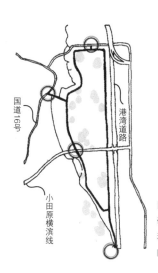

图 3-169 避免过境交通
研究了以过境交通为主的道路和地区内道路的结合部分最少的规划

图 3-170 安全舒适的区域交通、自行车城市
①大型网状环路作为绿道环绕周围
②支路是连接网状环路的东西走向的一条单向通行道路，连通住宅区两侧的停车场
③连接大道、公园远道的自行车道形成了独立的循环路
④机动车道为限速较低
⑤原则上不允许驾驶机动车进入住宅区

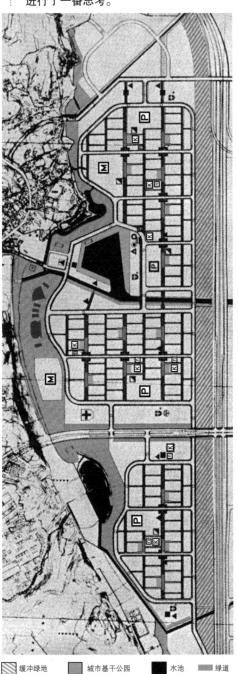

图 3-171 总体规划（绿地系统和实施布局图 1972）
总体规划阶段和被规整的道路和被路所分割出的规整街区所构成的

图例			
缓冲绿地	城市基干公园	水池	绿道
儿童公园	M 中学	P 小学	K 幼儿园 回 托儿所

并木 1 丁目团地住宅区
树状结构的道路和住宅楼构成

　　并木 1 丁目团地住宅区是在继承整体规划的层级构造的基础上进行规划的。道路的层级构造是在"环路、支路、主街道、街道、小路、小巷、后巷……"这样的统一规则下构成的（图 3-169、图 3-170），并根据它决定了相邻住宅楼的特性。例如，N–S 组合的住宅楼由南北走向的"主街道"和"街道"之间的围合型住宅街区（图 3-172）构成，在其东西向道路南北端的"小路"中间还夹杂着"小巷"（图 3-174）。

图 3-172　所示的"并木 1 丁目团地住宅区"
临街排列的南北轴住宅楼

并木 2 丁目团地住宅区
围绕专用人行道的半格点结构

　　在并木 2 丁目团地住宅区中，专用人行道穿过街区的中心，在其两侧形成了街区（图 3-173）。并且人行道有一部分不是笔直的，而是沿东西南北的轴线旋转了 45° 进行布局。与此人行道相邻的住宅区分别由四位建筑师负责设计。住宅楼群坐落于正交坐标轴上，从旋转了 45° 的人行道相连部分及其形成的三角形的楼间绿地的处理，可以看出各区域的个性。

图 3-173　从专用人行道看到的并木 2 丁目团地住宅区
三角屋顶的联排住宅楼令人印象深刻

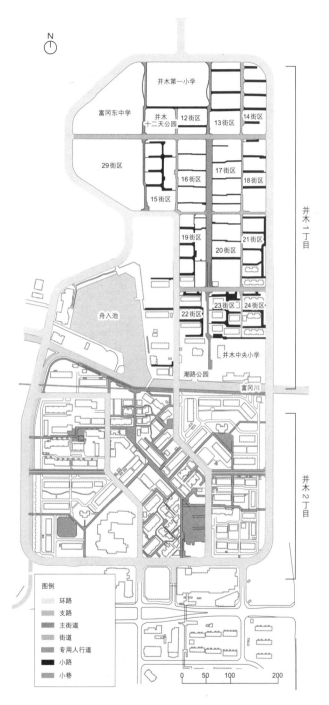

图 3-174　并木 1 丁目住宅区，并木 2 丁目团地住宅区的道路构造
从图 3-171 的整体规划的变化可以看出住宅区的变化（尤其是并木 2 丁目团地住宅区）

并木 1 丁目团地住宅区：街区型与长屋、城市的集合住宅形式的融合

并木 1 丁目团地住宅区的特征是"大框架"的城市规划决定了城镇的形式。道路的规格被层级规定，街道形状决定了周边社区的品质，可以说是井然有序的社区营造和城市设计了。其中最有特点的是住宅楼和街区、街道的关系。街区的周围用矩形的 3 层高住宅楼（图 3-178、图 3-179）围合，在其中排列着坡屋顶的联排式住宅楼（图 3-180~图 3-182）。是一个融合了建筑物围绕街区建立的欧洲城市以及与地面联系紧密的并排长屋的日本城市这

两类城市的集合住宅形式的布局规划（图 3-176）。

为了不让街区呈现封闭的状态，面向东西街道的住宅楼在围绕着街区排列的同时，适当地进行间隔布局。住宅区内的 N-S 组合住宅楼的入口对着一条 "小巷"，并一直连通到街道。狭窄的通路在住宅楼之间扩展开来，形成了整个区域的后巷式空间（图 3-175、图 3-177）。每一栋建筑及其布局都是契合布局规划而设计。设计从总体规划到房间布局都由槙文彦主持。

布局 景观

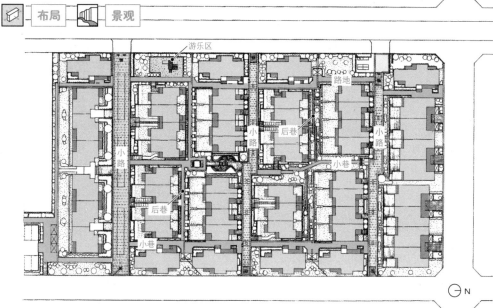

图 3-175　并木 1 丁目第 3 住宅 19 号地街区布局图

图 3-176　从东西街道望去的外观
矩形的住宅楼围合着街区布局，在东西街道上适当地进行间隔排列（隐约可见街区内的坡屋顶住宅楼）。因此没有大阪府营住宅(P.73)的围合布局那样的封闭感。这个排列中也规划了店铺，虽然最终未能实现

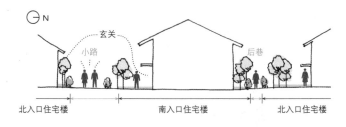

图 3-177　联排式住宅楼与街区内通道的关系与其素材的使用方法
联排式住宅楼用 N-S 组合方式排列着。门口的玄关正对连接街道的"小路"。因此，需要南入口玄关和北入口玄关这两种类型的住宅楼和房间布局。"小路"的背面的住宅楼之间有仅限一人通过的狭窄"后巷"（图 3-175），在东西向的住宅楼之间连通着比后巷稍大的"小巷"（图 3-176）。这三种道路分别用三种材料进行铺装。"小路"用仿清水混凝土板铺设，"后巷"在土地上并排铺上了混凝土板，"小巷"则用瓷砖作为点缀

住宅楼 ➡️ 房间布局

图 3-178　南北轴住宅楼外观

为了将东西的街道像墙一般围合起来，住宅楼采用了南北向长，东西向窄的体量。为了让街区与外部区分，住宅楼选择了矩形的轮廓。由于当初是作为店铺规划的，让人感觉到与街区内的联排式住宅楼的外观有截然不同的设计意图。通过房间布局制造的凹凸部分，减轻了墙壁对周边的压迫感

图 3-179　平面图 1:200

由于南北向狭长，所以平面上看不利于南面采光。为了满足公团至少有三间卧室朝南的要求，因此将居室的房间布局设计成雁行型。仿佛每个房间在互相争夺着南面的光照

联排式住宅楼

住宅楼 ➡️ 房间布局

图 3-180　联排式住宅楼外观

联排式住宅楼的外观和尺度让人联想到长屋的住宅楼。有南入口和北入口住宅楼，各自的南侧设有庭院。在楼梯平台的位置设置了浴室，可以看出在控制北侧屋檐高度上花了很大工夫

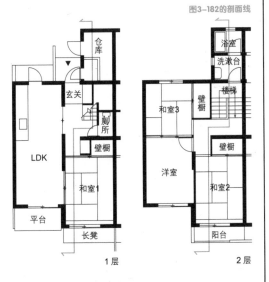

图 3-181　北入口住户平面图 1:200

浴室和洗漱台设置在楼梯间平台附近位置，以此来控制北侧房檐的高度，也可能是为了节约走廊的面积。当初虽然计划在餐厅厨房上设置挑空，但是为了确保楼板面积，因而变成了学习室。二楼部分的房间分隔方式给人一种不彻底的感觉

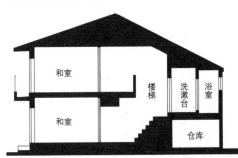

剖面图

图 3-182　北入口住户 剖面图 1:200

并木2丁目团地住宅区：四位建筑师与住宅楼之间的"三角地"

"并木2丁目团地住宅区"的特征是住宅楼间的专用人行道及其相邻的住宅区由四位建筑师分别负责设计。专用人行道的45°旋转使其在转折处形成了"广场式的开放空间"，通过将市民馆、幼儿园等公共设施在专用人行道旁集中布局，让此处成为社区的中心。

另一方面，面向专用人行道的住宅区，根据每个建筑师不同的设计理念，空间的构成和住宅楼的布局也不尽相同（图3-183）。例如，在内井昭藏设计的区域中，小巷被引入区域内部，形成了囊括了住宅楼三角地的环游空间。在宫胁檀的区域中，

与住户相邻的位置有一个半私有的三角地。此外，在藤本昌也的区域中（图3-184），街道被公寓式住宅楼所限定，住宅楼之间有大面积的三角地，并伴随着住宅楼起伏。

每一栋住宅楼不仅在布局样式上各有千秋，其建筑的特色和房间布局也巧以心思，创造出了丰富的空间。尤其是藤本昌也的区域，与其他建筑师致力于如何才能创造出不像团地住宅区的作品不同，他从正面审视了团地住宅区并试图超越现有的团地住宅区形式（图3-185~图3-188）。

图 3-183　四位建筑师的区域的划分
夹着专用人行道的四个街区的长度和进深各不相同

图 3-184a　藤本区域——公寓式住宅楼

图 3-184b　藤本区域——联排式住宅楼

图 3-184　专用人行道的街道景观

藤本区域的特征是，住宅楼的墙面沿着专用人行道布局

住宅楼

其他建筑师将联排式住宅楼邻接着人行道排布，并稍作倾斜形成怡人的尺度，但藤本却像是建造了一面与道路平行的墙（图 3-184）。其他建筑师采用坡屋顶力图避免所谓的 "团地住宅区风格"，但藤本则采用矩形的楼梯间型公寓式住宅楼（图 3-186）。藤本保留了楼梯间型住宅楼的优点，通过解决问题，设计了可以称之为升级版的 "超级楼梯间型" 住宅楼。与过去的楼梯间型住宅楼相比，每户的开口相对宽阔，整体比例在水平方向上更长，加上扶手也强调了水平线，因此外观显得更加简洁精巧。同时为了与周围的联排式住宅楼融为一体而减少了层数，高度呈阶梯状下降（图 3-185）。

↓

房间布局

玄关的位置和以往的楼梯间型住宅楼不同。以往的楼梯间型住宅楼（图 3-187）一般都是在离地面半个台阶的高度处的里面设置玄关。门多为向外打开，玄关前因为只有楼梯平台大小的空间，所以显得十分狭窄。而 "超级楼梯间型" 住宅楼则将玄关从以往的楼梯平台位置稍向内移（图 3-188）。因此玄关前的空间变得更明亮宽阔。即使把门敞开，门外也有足够的空间来摆放一些绿植和装饰物，让作为门面的玄关空间变得更加丰富。由于住宅楼往南北方向偏移了 45°，所以北面在早上和傍晚都能享受到太阳光的照射（图 3-186）。也不用在意走廊空间南北方向都能打开的窗户，在保留以往楼梯间型住宅楼优势的情况下，增大了使用面积。这类房间的布局有着丰富的居住环境，即使以后被采用为标准设计也不足为奇。

图 3-185　阳台侧外观
公寓式住宅楼给人一种锋利鲜明的印象。左边的住宅楼为控制建筑高度，将层数呈阶梯状递减

图 3-186　楼梯间型住宅楼一侧外观
早上的太阳也能照射到北面

图 3-187　以往的楼梯间型住宅楼平面图 1:200 "63-5N-3DK"
玄关前的空间捉襟见肘，打开门的话会非常狭窄

图 3-188　藤本栋的楼梯间型平面图 1:200
"特 79K-6N-4LDK- 分 KAN"
玄关前的空间十分富余。由于处于楼梯的尽头，因此可以充分确保个人隐私

铃之峰第 2 住宅 （广岛县铃之峰住宅）

铃之峰第 2 住宅是一个建造在广岛市西部的高地上，可以远望濑户内海的商品团地住宅区（图3-189）。应公团要求，负责设计的由藤本昌也先生领导的"现代规划研究所"(p.5)提出了将可眺望的景色作为出售时的卖点。土地缓缓地向海面倾斜，几乎没有进行任何

土地平整。将这种高差与住宅楼的锯齿形布局相结合，可以使建筑并列排布而不影响眺望。住宅楼分为两类，普通的两层楼和两个双层复式重叠而成的四层楼。住宅区里所有住户都为不多见的两层，是为了尽可能让更多的住户看到大海。此外，不仅有使人能够

楼梯间型住宅楼（市营铃之峰西公寓）

原有采土场
45°的地形剖面

楼梯间型住宅楼（市营铃之峰西公寓）

铃之峰第 2 住宅

锯齿形布局

眺望型住宅楼
和接地型住宅
楼的组合

原有采土场
地形 10% 的坡度

配合地形朝南平行布局

图 3-189　铃之峰第 2 住宅

所在地：广岛市西区铃之峰町
完成年份：1980 年
层数：2 层、4 层

能眺望远方的地形上的处理，建筑布局、房间布局等都经过精心的设计，即使在建成近 30 年后的今天，希望入住的人也络绎不绝。由高低差和锯齿形布局所生成的街道布局，以及蜿蜒曲折的小巷，让人联想到濑户内海的渔村风光（图 3-190）。

图 3-190　铃之峰第 2 住宅的南面

高层住宅楼
（市营铃之峰公寓）

铃之峰第 3 住宅区

让人联想到濑户内海的渔村风光

交错地布局不同高度的住宅楼，以免妨碍人们眺望海景

建筑物按照等高线布局，保留了原有的地形，使建筑的线条自然摇曳

铃之峰小学校

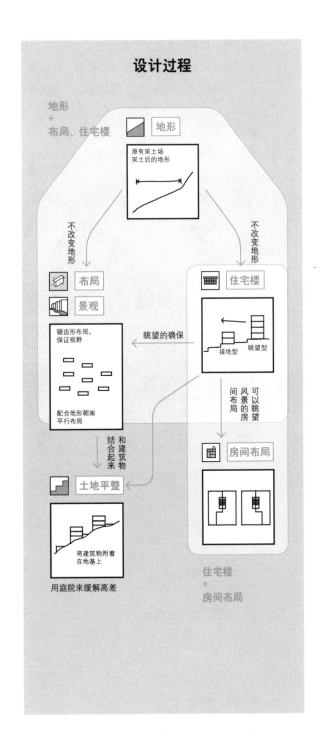

设计过程

地形
+
布局、住宅楼

地形

原有采土场
采土后的地形

不改变地形　　　　　　　　　　　不改变地形

布局

景观

住宅楼

锯齿形布局，
保证视野

眺望的确保

接地型　眺望型

可以眺望
风景的房间
间布局

配合地形朝南
平行布局

房间布局

结合起来
和建筑物

土地平整

将建筑物附着
在地基上

用庭院来缓解高差

住宅楼
+
房间布局

挖山填海造地

铃之峰住宅（图 3-194）距广岛市中心约 7 千米，面向广岛湾。该地（图 3-192）原本是陡峭的山林，在后述的"广岛市西部开发事业（1966~1982年）"中，成为海湾部填埋用土的采土场（图 3-193）。为了在这个搬运出庞大土量的挖方旧址上建造优质住宅，根据"新住宅市街地开发法"⊖，开发出了团地住宅区（54.2 公顷、2538 户、人口约 1 万人）。在场地南部有 JR 山阳本线、广岛电铁宫岛线、国道 2 号线，北部连接了西广岛迂回路（机动车专用道路）（图 3-191），作为与市中心连接的郊外住宅地，可以说是具备了一等土地的条件。

⊖ 新住宅市街地开发法：
1963 年制定的法律，目标是在人口显著集中的市区周边区域，开发健全的住宅市街区以及为穷苦国民大量提供居住环境良好的住宅土地。新住宅市街地开发事业的特征是以区域整体的城市基础整备为前提，建设拥有住宅、道路、公园、学校、医院、购物中心等生活复合功能的新城。

图 3-191　铃之峰第 2 住宅区位置图

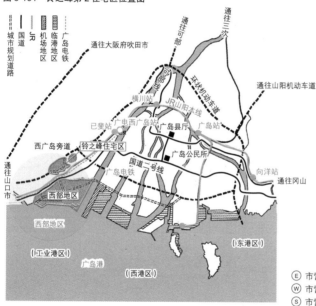

图 3-192　从铃之峰第 2 住宅眺望濑户内海
远处可以看到广岛市西部开发事业所建造的填埋地

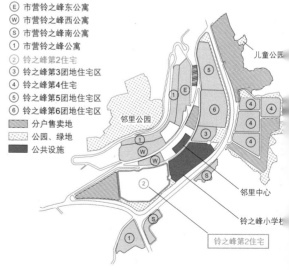

图 3-193　1970 年
西国海道（现在的国道二号线）沿着填海区域的边界延伸。高速公路沿线的古镇景观、渔村和酿酒厂，至今仍保留着

图 3-194
铃之峰住宅除了是一个换地而建的独栋住宅以外，还林立着九个模式的集合住宅，是一个可以看到各种各样集合居住形式的新城

图 3-195　楼梯式住宅（市营铃之峰西公寓）

"广岛市西部开发事业"的粗略土地平整由广岛市的土木科来负责。基础地层是坚硬的花岗岩，为了采土甚至挖掉了最坚硬的岩盘层。但是，能挖到的岩盘层的深度和地形以及其他的地质条件在规划区域内也是多种多样的。采土和土地平整方法（重型机械的使用等）的不同，直接导致了住宅地基的差异，使得土地平整后的地形也变得极富个性。结果，丘陵一侧接近 45° 的陡峭斜坡和靠海一侧 10% 的平缓斜坡被保留了下来。斜坡在之后影响了住宅区的住宅楼布局和住宅楼类型的设计（图 3-196、图 3-197）。在铃之峰第 2 住宅区的腹地，为了克服 45° 的坡度，采用了市营规划的阶梯式住宅（铃之峰西公寓，图 3-195）等其他住宅类型。

图 3-195a 阶梯式住宅创造的景观

图 3-195b 高层住户通过楼梯进入的动线

图 3-196　根据土地平整前后的地形和地质条件的不同，产生了住宅楼之间的差异
"铃之峰第 2 住宅"位于规划在陡峭斜坡中的阶梯式住宅的平原部分。场地坡度为 10.8%，与其他部分相比平缓得多

图 3-197　基本规划和第一次土地平整的坡地
这是由负责"铃之峰第 2 住宅"项目的现代规划研究所构想的基本规划⊖阶段（铃之峰中高层住宅区基本规划报告）。在这个规划中，所有的住宅楼都是平行排布在南侧，但为了避免形成枯燥的"标准设计"，在规划和布局方案的制订上，都十分注重住宅楼的排布变化。另外，未将挖方后留下的 10% 坡度的地形进行平整，在第一次土地平整（粗略土地平整）阶段的坡度基础上规划了住宅地基。后来，如何反其道而行的思考方法在各个方面被灵活利用

⊖ 基本规划
应广岛市的要求，现代规划研究所于 1974 年制订了团地住宅区整体规划的"铃之峰中高层团地住宅区总体规划"。

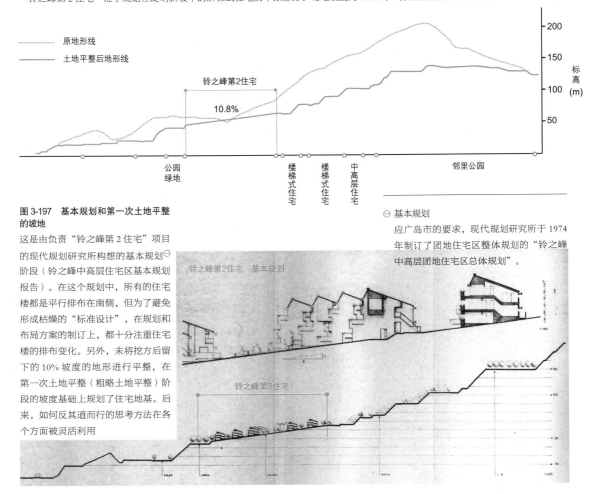

10% 坡度上的朝南平行布局

在与广岛市政府进行了商议后决定直接在 10% 坡度的斜坡上进行住宅区的规划[⊖]。

铃之峰第 2 住宅的一大特点是住宅楼布局确定之后还对场地的地基进行了调整。采土后并没有重新进行针对住宅楼地基的精细化平整工程，而是在建筑布局完成后对地面进行了细致的调整，在坡度为 10% 的岩盘层上进行了平均 1 米的填方，使建

筑物与地面融为一体。根据住户的布局规划，用给住宅楼填方的"涂抹"手法来处理地形，形成了铃之峰第 2 住宅的独特空间（图 3-198~ 图 3-200）。

⊖ 与广岛市协商后的规划：记载于 1977 年 1 月 13 日的会议记录中，特意写明了目前的土地平整坡度（10%）较为合适。

土地平整

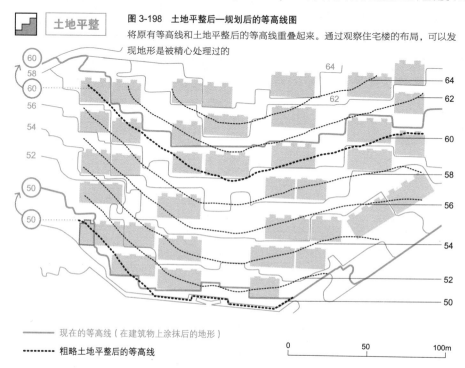

图 3-198　土地平整后—规划后的等高线图
将原有等高线和土地平整后的等高线重叠起来。通过观察住宅楼的布局，可以发现地形是被精心处理过的

———— 现在的等高线（在建筑物上涂抹后的地形）

▪▪▪▪▪▪ 粗略土地平整后的等高线

0　　　　50　　　　100m

布局

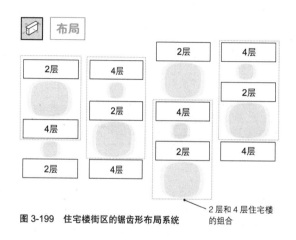

图 3-199　住宅楼街区的锯齿形布局系统

2 层和 4 层住宅楼的组合

住宅楼采用了由 2 层和 4 层住宅楼相结合的"锯齿形布局体系"。现代规划研究所对这种布局的优点有如下描述：

① 住宅楼间富有密度感的巷道和离住宅楼较远的空旷空间，根据邻近楼房的间隙形成了疏密有致的开放空间。

② 视野的广阔，地平线的起伏，富有魅力的步行空间和生活空间。

③ 据《广岛铃之峰团地住宅区 A 街区布局基本设计报告（1974 年）》[一文 3-36] 的描述，该住宅区使得步行空间、居住空间、开放空间的多样化以及阶梯式的连接等构成成为可能。

图 3-200　铃之峰第 2 住宅特有的开放性的形成方法
前面是接地型住宅楼（2 层），在后面是眺望型住宅楼（4 层）。专用庭院和消防空地很好地利用了高差，形成了公共空间和私人空间相互毗邻的开放绿地。低层区域的横向扩张，也为后面的眺望型住宅楼提供了一览无余的海景

 住宅楼

“铃之峰第 2 住宅”的住宅楼形式有三个优点（图 3-201、图 3-202）。

① 40% 的住户可以眺望到大海——在公团标准栋的 5 层，可以眺望到大海的住户为 20%。

② 60% 的住户拥有朝南的专用庭院以及北侧庭院（服务区）——出售的住宅中特别是设置型住户的要求较多。

③ 斜坡确保了小路的私密性的同时也确保了庭院的开放性——庭院式住宅中一般围墙很高，并且室外环境是封闭的。

像这样，设计师经过深思熟虑的“铃之峰第 2 住宅”的住宅楼形式通过与公团住宅的标准设计进行对比，并描述了其优点[→文 3-36]。由此，我们可以直观地感受到他们在规划住宅区时想要强烈地摆脱标准设计的意识。

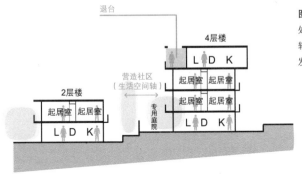

图 3-201　2 层和 4 层的住宅楼组合（一）
处于 2 层与 4 层住宅楼之间的生活空间轴，这些小路对创造住宅楼之间的社区发挥着重要作用

图 3-202　2 层和 4 层的住宅楼组合（二）
确保全体住户 40% 的眺望率。利用 10% 倾斜的斜坡，使更多的住户能够眺望到大海

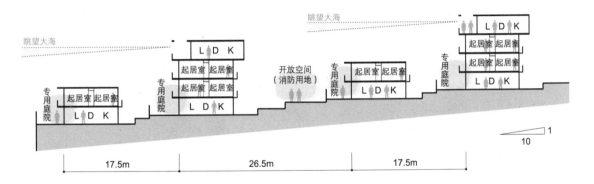

调整地形功能的楼梯平台

第一次土地平整后的填方，与直达屋外的设计 GL（设计时的地表面）的楼梯平台相连。楼梯平台的高差在设计时被控制在了视线高度（1.5 米）以内。设计"铃之峰第 2 住宅"外部空间（景观）的江川直树先生（关西大学教授）说，希望创造

拥有"立体且节奏不规则"的空间。此外，由于所有的住宅楼都有不同的设计 GL，参观者在外部空间行走时，可以体验到拥有立体感的住宅楼的远近和序列的变化（图 3-203~ 图 3-206）。

 住宅楼

图 3-203　各住宅楼的设计 GL 与层高的关系
由于所有的锯齿形布局，设计 GL 都由不同的结构构成，使住宅楼之间的外部空间和天际线展现出了变化丰富一面

①~④是图3-207、图3-208的视点

2层楼
4层楼
专用庭院

建筑GL最低的住宅楼：±0

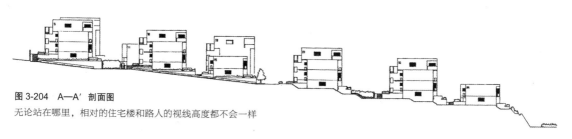

图 3-204　A—A′剖面图
无论站在哪里，相对的住宅楼和路人的视线高度都不会一样

图 3-205　从A看向A′
从铃之峰第 2 住宅的最深处眺望广岛湾。远处可以看到四国的山脉

图 3-206　贴附在地形的楼梯平台
所有的楼梯都控制在 1.5 米以下。这里约为 1.2 米，所以视野通透，没有压迫感

外部空间被构想为由住宅楼及其前方的开放空间组成的一个单元。住宅楼之间南北向的通道确保了视线的通透并成为通向公园的主要路线。开放空间的疏密变化使得视野的开阔程度（图 3-208b）以及天际线产生变化，进而形成丰富的步行空间（图 3-207）。东西向住宅楼之间的空间通过疏密的交织，时而成为开放空间，时而成为生活空间轴的动线（图 3-208c）。另外，两栋住宅楼之间的南北向通道宽度在设计时参考了渔村的巷道，仅设计为 1160毫米（图 3-208a）。住宅楼的布局设计进行了从第 1 个方案到第 8 个方案的推敲才决定了最终方案。尤其对于住户内的日照、人车分离、开放空间的位置、住宅楼的间距、防灾和紧急车辆入口以及地区外的景观影响等因素进行了反复的探讨（图 3-209、图 3-210）。

图 3-207　拥有立体感的住宅楼排列方式
图 3-203 中①处的视角

图 3-208　住宅楼布局模型

3-208a　南北方向住宅楼之间的通路
图 3-203 中②处的视角

3-208b　开放空间
图 3-203 中③处的视角

3-208c　生活空间轴
图 3-203 中④处的视角

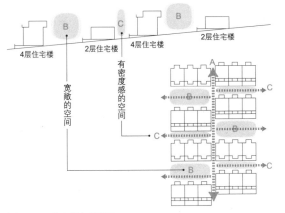

图 3-209　住宅楼布局模型
住宅楼和前面的开放空间组成一个单元，疏密交织构成外部空间

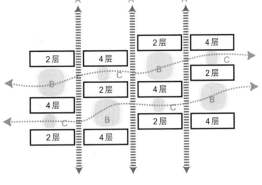

与住宅楼方向不平行的开放空间

图 3-210　开放空间构成图
与住宅楼方向不平行的开放空间的布局，产生了变化丰富的序列性，有助于形成具有整体性的外部空间

接地型住宅楼、眺望型住宅楼：住宅楼形式创造的设计

住宅楼的构成方式颇具立体感。除了开放空间和前庭外，所有的外部空间都是由斜坡和楼梯组成，住宅楼的设计 GL 也各不相同。此外，斜坡独有的特征是，由下行楼梯到达一楼的玄关（图3-211）。建筑的立面设计也十分立体（图3-212）。

通往上层住户的楼梯间由于墙体"缺口"产生的凹凸，使其在通风、采光、视野上都产生出变化（图3-213），四层的退台和二、三层南北向小阳台的"挑出"也很有特色。此外，这种凹凸对每个住户单元的房间布局都产生了积极的影响。

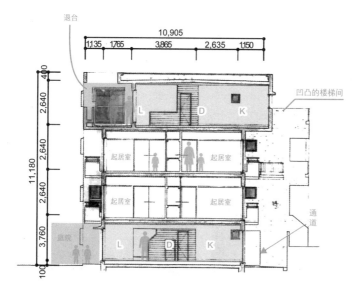

图 3-211　住宅楼的剖面构成
从凹凸楼梯间的"缺口"和南北向2、3层阳台的"挑出"，我们可以发现，与在单调标准设计的团地住宅区中所看到的立面不同，这个住宅区在追求不同的魅力

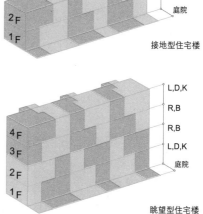

图 3-212　住宅楼内房间布局的构成
L 形的复式住户构成，可以创造出不单调、多变的房间布局和室内空间

在退台和凹凸的楼梯间形成的立体设计的基础上，外墙颜色"丙烯彩色透明喷涂"和模板"特殊模板混凝土饰面"形成的凹凸纹理也丰富了建筑的外观（图 3-207）。这种设计作为现代规划研究所的一种表现手法，之后也在石川县营"诸江团地住宅区"和"庚午南团地住宅区"的设计中被采用。

另外，"L"形构成的复式住户的窗户上安装了"L"形的框架，以遮挡邻近房屋的视线（图3-214）。住宅楼内的房间布局也与各种表现形式的立面设计有关。

图 3-213　眺望型住宅楼北侧外观
因凹凸的楼梯间而产生变化丰富的立面，并且为了确保卧室间的私密性，将四个住户的玄关统一设置在了 1 层和 4 层

图 3-214　眺望型住宅楼南侧外观
观景层住户的客厅设置在四楼，接地型住户在底层拥有专用庭院。与邻居接近的一侧安装了"L"形框架，有助于保护隐私

所有的房间布局都是将 LDK 沿南北向布置（图
3-215、图 3-216）。这是为了使住户在进门的时候，
视线就可以穿透 LDK 看到庭院和海景。整个房间布
局的特点是南北两端都有窗户，通风良好；从 2~3
层的房间里也可以看到庭院和大海。在接地型住宅
楼 (2 层) 中，几乎所有住户都设置了仓库的北侧庭
院直通厨房，同时也作为倒垃圾等活动的生活动线
来利用。

此外，应业主公团的要求，接地型住户在有专
用庭院的 1 层、眺望层的住户在有能看见海景的退
台的 4 层设置了客厅层（图 3-217）。每个住户的
入口都设在客厅层，以保证 2、3 层居室的私密性，
两户共通的通路（门廊）不仅具有作为邻里交流空间
的功能，而且在设计上给予了门廊空间与用水空间
互换的可能性。

图 3-215　1 楼客厅（南庭院一侧）2017 年改修（接地型住宅楼）
利用了高差的专用庭院，充分确保隐私的同时大面积向外开放，
以获取通风采光

图 3-216　1 楼餐厅（北庭院一侧）2017 年改修（接地型住宅楼）
从厨房一侧的开口部分也能走到北侧的庭院，确保了与外部空间
生活动线直接连接的便利性

图 3-217　铃之峰第 2 住宅平面图 1:200

解读七个团地住宅区中的设计思想

将七个团地住宅区进行整体解读

上述 7 个团地住宅区，大致可以沿两条主线整理出来。首先是根据团地住宅区所处的自然环境，尤其是地形、地质的特征；根据斜坡的形态以及其在更大的地形中所处的位置、起伏程度，可将 7 个团地住宅区分为"山脊凸地形、坡地、平地、山谷凹地形"四类（纵轴）。其次是按照时代的走向：7 个团地住宅区中，有 4 个选自日本最早的新城——千里新城。20 世纪 60 年代，千里新城刚开发时，规划和技术尚未成熟，（意外地）在考虑自然环境的情况下建造了团地住宅区。因此地形、土地平整及布局、景观的特征很明确，也可以很好地窥探到在"标准设计"这个限制条件下设计师们的艰辛和创意。继千里新城的 4 个团地住宅区之后，又继续开发了高藏寺新城、金泽海滨城和铃之峰团地住宅区。

图 3-218 显示了沿这两条主线整理的 7 个团地住宅区。山脊凸地形的典型是千里津云台团地住宅区，其次是高藏寺新城的两个团地住宅区。与保留了山脊的高森台团地住宅区相比，高座台团地住宅区由于建在陡峭狭长的山脊上，从布局和住宅楼上可以看出受到了山脊凸地形的影响。另一方面，山谷凹地形的典型是千里高野台团地住宅区。从凹地外围，沿着住宅楼、楼间绿地、庭院、公园以及平缓的斜坡，构成开放空间的"无缝"连接是其主要的特征。坡地的典型是千里青山台团地住宅区。它在土地平整的同时保留了斜坡，创造了绵延不断的景观，令人印象深刻。同样处于坡地上的铃之峰第 2 住宅，由于潜藏在地表的地质不同，10% 的平缓坡地（铃之峰第 2 住宅）与后面的 45° 的坡地住宅形成了鲜明的对比。平地的案例有通过土地平整后确保较为平滑的土地，并在其上建造了追求围合型布局的新千里东町团地住宅区（公团住宅法人）。另外填海造地而成的金泽海滨城理所当然也是建造在平地上的，在这里，从城市设计的角度探求了住宅与行人空间的关系和层级。本书所介绍的 7 个团地住宅区，每一个都独一无二，充分彰显了各自的地域性和个性。

接下来，通过对这 7 个团地住宅区的总结工作（尤其是在着手绘制各案例开头的轴测图时），发现了以下几点：

1. "恰到好处"的楼间空间和"平缓"的斜坡

当绘制完地形、道路、住宅楼，开始画树木的时候，时常会发现树木都聚集在楼与楼之间"恰到好处"的空间里。树木不是一字排开、规规矩矩地栽种，而是在最适合的地方恰到好处地进行种植（如千里津云台团地住宅区）。

另一方面，当认为某部分空隙较大的时候，这部分通常是一个斜坡。不同于楼与楼之间紧密的树木，千里青山台团地住宅区的平缓坡地在当时的团地住宅区规划中给人一种很从容的感觉（但像千里高野台团地住宅区一样，这种从容会在建造停车场时被打破）。

2. 人行道路网的魅力

绘制轴测图时，仅仅在平面图上加上住宅楼和车行道会给人"不完整"的感觉。在其中加入人行道的瞬间，一个生动的团地住宅区空间才跃然纸上。漫步在团地住宅区中，行走在时而平缓、时而陡峭的斜坡上，可以感受到贯穿在住宅楼中丰富的人体尺度。利用轴测图可以假想畅游其中的感受。

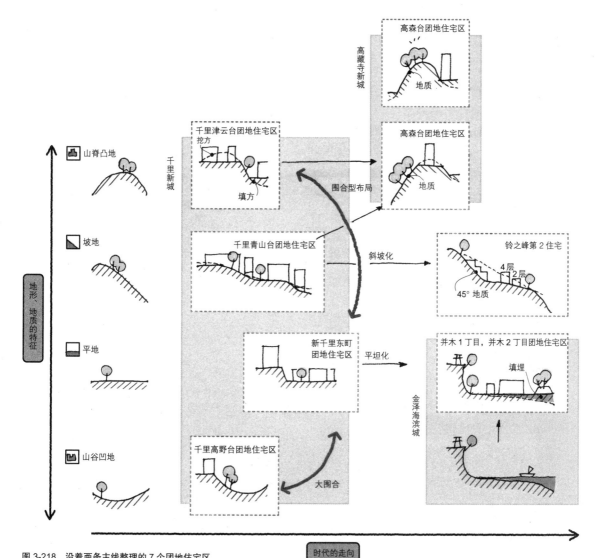

图 3-218　沿着两条主线整理的 7 个团地住宅区

3. 看不见的特征，与周围环境的对比

漫步其中无法用肉眼察觉，但某些东西却总能在无形之中"吸引"着你，这样的情况时有发生。回到家中，一边回想一边打开各种地图，便体会到自然环境和历史文化等无形的特征其实早已在地表上得以体现。例如，高森台团地住宅区和高座台团地住宅区的下面，就潜藏着难以进行土地平整、不适合作为住宅用地的地质特征。在铃之峰第 2 住宅中，山地地质的区别使其与陡坡上的阶梯或住宅间的差异在景观中呈现出来。我认为，住宅区中为了充分发挥土地的特性而在规划和设计上下的功夫有很多值得借鉴的地方。

4. 直面制约因素，用创意克服

将项目开发前的状况和进行到途中的图纸进行对比，我们可以推测出，直面技术困难和逆境的规划师和设计师，一定是真挚地应对了这些技术和经济方面所带来的困难，并用智慧与创意克服了这些限制（如千里青山台团地住宅区的布局和水池等）。这些辛劳和创意不是光看最终完成的图纸就能感受到的。

那是谁，怎样将团地住宅区"整合"到了土地上，其运营背景和组织结构又是怎样的？这一点将在第 4 章中揭晓。

解读团地住宅区的设计思想关键词

把7个团地住宅区按设计步骤分成5个尺度，"地形""土地平整""布局及景观""住宅楼""房间布局"来解读的话，就能发现颇有意思的设计思想。例如，一般来说，土地平整是根据想要进行的布局和建筑设计对地形进行调整规划，但是在7个团地住宅区中，根据地形进行土地平整的调整规划，在这个基础之上进行布局和建筑设计的例子也屡见不鲜。也有不是完成住宅楼规划再分割房间布局，而是将房间布局堆叠成大体量后再决定住宅楼规划的例子。不是从大尺度到小尺度的线形连接，而是在大尺度和小尺度之间往返跳跃来开展设计。打个比方的话，不是传递接力棒以终点为目标的接力赛，而是带球传球往复迁回，最终射门得分的足球比赛。在预算和场地的严格限制下，为了达成住户数的指标和保证良好的居住环境，团地住宅区的设计师们采取了五个尺度间互相迁回配合的战术。

4. 一箭双雕

一种形态的生成解决多个尺度上的问题。

例如：千里高野台住宅、千里青山台团地住宅区、千里津云台住宅区。

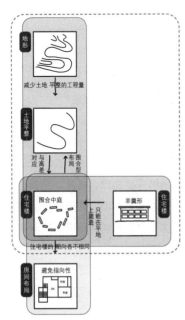

千里高野台住宅概念图

通过为了建设社区而进行的围合型布局，活用了地形，减少了土地平整的工程量，使得一种公寓式住宅楼可以应对不同高差

1. 从地形到房间布局相互连接

从地形到房间布局的每一个尺度像连歌一样连贯地设计。

例如：千里青山台团地住宅区、千里高野台住宅、高座台团地住宅区。

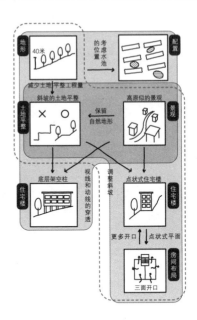

千里青山台团地住宅区概念图

地形高低差的应对与良好的通风采光的房间布局设计紧密相连

5. 社区建设

利用规划布局、住宅楼、房间布局，打造促进住户交流的空间

例如：千里津云台团地住宅区，新千里东町团地住宅区（公团），并木1丁目、并木2丁目团地住宅区

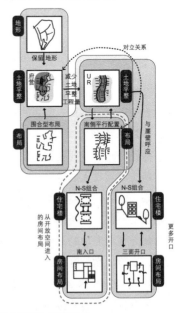

千里津云台团地住宅区概念图

为了在住户之间创造自然聚集的空间，设计从南侧进入的住宅楼和房间布局

2. 充分利用地形决定更小尺度

充分利用地形，形成丰富的景观和舒适的房间布局

例如：铃之峰第2住宅、千里青山台团地住宅区、千里高野台住宅等

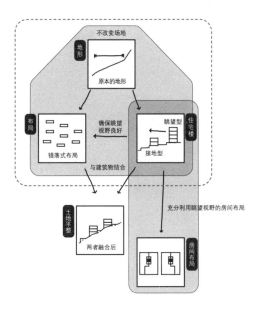

铃之峰第2住宅概念图

由于保留了斜坡，形成了像濑户内海的渔村景观并拥有良好眺望视野的住户单元

3. 房间布局决定更大尺度

最小尺度的房间布局决定住宅楼布局等更大的尺度

例如：新千里东町团地住宅区（公团），千里青山台团地住宅区，高座台团地住宅区

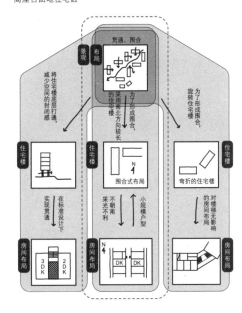

新千里东町团地住宅区（公团）概念图

对采光需求不大的单身人士，采用了南北长型住宅楼的房间布局，并使住宅楼围合庭院

6. 对于住宅楼布局的执念

为了实现理想的住宅楼布局，从住宅楼、房间布局着手设计

例如：并木1丁目、并木2丁目团地住宅区，千里高野台住宅，新千里东町团地住宅区（公团）

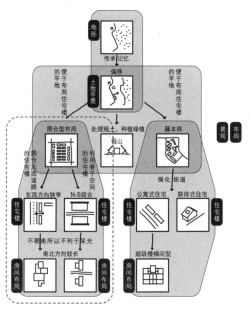

并木1丁目、并木2丁目团地住宅区概念图

为形成理想的城市住宅区而进行的围合型布局。为实现这一目标，重新设计了将街道四周轻松围合的住宅楼和N-S组合住宅楼

7. 利用制约进行设计

从解决地形等场地的制约关系到新的住宅楼和房间布局的设计

例如：高座台团地住宅区，千里青山台团地住宅区，铃之峰第2住宅

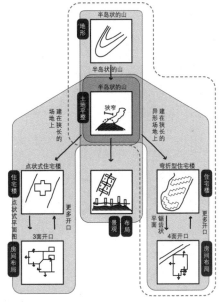

高座台团地住宅区概念图

为适应狭窄且异形的场地，采用了雁行型住宅楼布局。与此同时，还实现了四个方向有窗户的房间布局

团地住宅区地图

图 3-219 标注了本书中出现的日本全国的团地住宅区。在第 3 章详细介绍的案例也参照了相关书籍。另外，表 3-1 中有关现存、非现存的团地住宅区是来自 2017 年 8 月时的数据。

45

32
35
15 铃之峰第2住宅 (p.96)

① ② ③

图 3-219　团地住宅区地图

表 3-1　现存及非现存住宅区

序号	住宅区名称	建成年份	现存 / 非现存	所在地	最近的车站
1	赤羽台团地住宅区	1962	仅有部分现存	东京都北区赤羽台	JR 赤羽车站
2	阿佐谷住宅	1958	现已不存在	东京都杉井区成田东	东京 metoro 南阿佐谷车站
3	稻泽团地住宅区	1958	现已不存在	爱知县稻泽市长东町	名铁奥田车站
4	金冈团地住宅区	1956		大阪府堺市北区东三国之丘町	JR– 南海三国之丘车站
5	并木 1 丁目团地住宅区	1978		神奈川县金泽区并木 1 丁目	金泽海滨线并木北车站
6	并木 2 丁目团地住宅区	1981		神奈川县金泽区并木 2 丁目	金泽海滨线并木中央车站
7	香里团地住宅区	1958	仅有部分现存	大阪府枚方市香里之丘	京阪香里园车站京阪公交香里桥停车场
8	湖北台团地住宅区	1970		千叶县我孙子市湖北台	JR 湖北车站
9	鹭洲第 2 团地住宅区	1978		大阪府大阪市福岛区鹭洲	阪神野田车站
10	东云 CanalCourtCODAN	2003		东京都江东区东云	东京 metoro 有乐町线已车站
11	新金冈第 1 团地住宅区	1967		大阪府堺市北区新金冈町 1 丁目	大阪市营地下铁新金冈车站
12	新千里北町第 3 团地住宅区	1967	现已不存在	大阪府丰中市新千里北町	大阪市营地下铁千里中央车站
13	新千里东住宅	1966		大阪府丰中市新千里东町	大阪市营地下铁千里中央车站
14	新千里东町团地住宅区	1970		大阪府丰中市新千里东町	大阪市营地下铁千里中央车站
15	铃之峰第 2 住宅	1980		广岛县广岛市西区铃之峰町	JR 新井口车站
16	千里青山台团地住宅区	1965		大阪府吹田市脊山台	阪急北千里车站
17	千里高野台住宅	1964	即将拆除	大阪府吹田市高野台	阪急南千里车站
18	千里竹见台团地住宅区	1967		大阪府吹田市竹见台	阪急南千里车站
19	千里津云台团地住宅区	1964		大阪府吹田市津云台	阪急南千里车站
20	千里山团地住宅区	1957	现已不存在	大阪府吹田市千里山雾之丘	阪急千里山车站
21	总持寺团地住宅区	1961		大阪府高槻市南总持寺町	阪急总持寺车站
22	高座台团地住宅区	1978		爱知县春日井市高座台	JR 高藏寺车站
23	高幡台团地住宅区	1970		东京都日野市程久保	多摩都市轻轨程久保车站
24	高森台团地住宅区	1973		爱知县春日井市高森台	JR 高藏寺车站名铁巴士高森台停车场
25	多摩平团地住宅区	1958	仅有部分现存	东京都日野市多摩平	JR 丰田车站
26	常盘平团地住宅区	1960		千叶县松户市常盘平	新京成线常盘平车站
27	丰岛 5 丁目团地住宅区	1972		东京都北区丰岛	JR 王子车站都营巴士丰岛五丁目停车场
28	富雄团地住宅区	1966		奈良县奈良市鸟见町	近铁富雄车站奈良巴士公团管理事务所停车场
29	中登美第 3 团地住宅区	1967		奈良县奈良市中登美之丘	近铁学研奈良登美之丘车站
30	奈良北团地住宅区	1971		神奈川县横滨市青叶区奈良町	小田急玉川学园前车站
31	仁川团地住宅区	1959	即将拆除	兵库县宝塚市仁川住宅	阪急仁川车站
32	梅光园团地住宅区	1963	仅有部分现存	福冈县福冈市中央区梅光园名町	福冈市营地下铁六本松车站
33	莲根团地住宅区	1957	现已不存在	东京都板桥区莲根	都营地下铁莲根车站
34	花田团地住宅区	1965	仅有部分现存	东京都足立区花田	东武竹之塚车站东武公交花畑住宅区停车场
35	花田团地住宅区	1967		福冈县福冈市早良区原住宅区	西铁巴士原住宅区前停车场
36	东丰中第 2 团地住宅区	1967		大阪府丰中市东丰中町	北大阪急行桃山台车站
37	富士见团地住宅区	1956	现已不存在	神奈川县川崎市川崎区富士见	京急本线京急川崎车站
38	藤山台团地住宅区	1968		爱知县春日井市藤山台	JR 高藏寺车站名铁巴士荫山台停车场
39	平城第 2 团地住宅区	1972		奈良县奈良市右京	近铁大高之原车站
40	武库川团地住宅区	1979		兵库县西宫市高须町	阪神武库川住宅区前车站
41	百草团地住宅区	1969		东京都日野市百草	京王南大幡不动车站京王巴士百草住宅区停车场
42	米本团地住宅区	1970		千叶县八千代市米本	京成胜田台车站东洋巴士米本住宅区停车场
43	东长居第 2 团地住宅区	1958	即将拆除	大阪府住吉区刈田	大阪市营地下铁长居车站
44	CommonCity 星田	1992		大阪府交野市田西	JR 东寝屋川车站
45	新庄市营小桧室团地住宅区	1992		山形县新庄市格町	JR 新庄车站

图 3-219 ① 近几圈

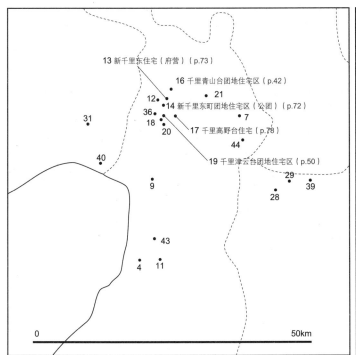

13 新千里东住宅（府营）（p.73）
16 千里青山台团地住宅区（p.42）
21
12
36 14 新千里东町团地住宅区（公团）（p.72）
18 7
20
17 千里高野台住宅（p.78）
31
44
19 千里津云台团地住宅区（p.50）
40
29
9 39
28
43
4 11

0   50km

图 3-219 ② 中部圈

38
24 高森台团地住宅区（p.60）
3 22 高座台团地住宅区（p.60）

0   50km

图 3-219 ③ 关东圈

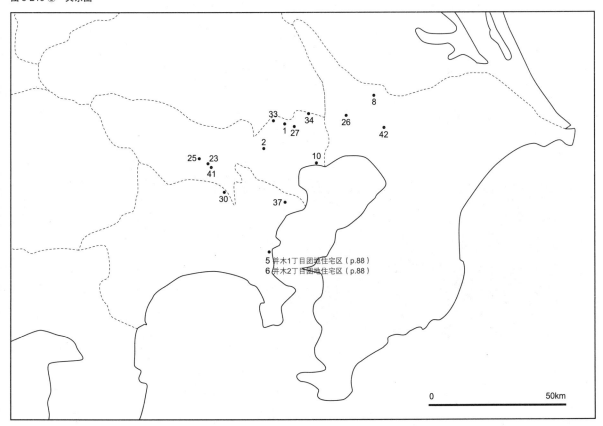

8
33 34
1 27 26
2 42
25 23
41 10
30
37

5 并木1丁目团地住宅区（p.88）
6 并木2丁目团地住宅区（p.88）

0   50km

在铃之峰第 2 住宅中培育的空间感知

下田元毅

——被创造出的"渔村小巷"空间

从小学 4 年级开始，直到离开广岛去上大学为止的少年至青年时期（1989~1999 年），我和父母弟弟组成的四口之家，是在"铃之峰第 2 团地住宅区"（以下简称为第 2 住宅）的两层高的"接地型"复式住宅中度过的。

2016 年 11 月，我有幸采访到了江川直树老师（关西大学教授，原现代规划研究所），他设计了第 2 住宅中包括住宅楼布局在内的外部空间。第 2 住宅的外部空间的设计理念是"将渔村小巷有意识地融入设计"。也许是受其影响，我现在也从事于建筑学视角下的渔村研究工作。设计师所看重的"渔村小巷"概念，在第 2 住宅的外部空间究竟是如何展现的呢？我想带着自身居住的经验，再一次去审视和思考。

少年至青年时期对于空间的玩耍方式和感受方式

在第 2 住宅中，斜面上设计的住宅楼和开放空间（图 3-220）以及楼梯等构成了立体的外部空间，因此，少年时期的我总是在这里玩捉迷藏、老鹰捉小鸡和抓小偷等边跑边躲的游戏。母亲回

图 3-220　开放空间
也是住宅楼之间的消防用地。消防用地的剩余空间与专用庭院的栏板部分相接。在第 2 住宅完成以后，庭院被设计为可以直接走到开放空间。开放空间的存在也使得专用庭院显得更加宽阔

忆说，因为在家就能听到声音，所以可以放心地让我在外玩耍。

到了小学高年级，我在第 2 住宅内玩耍时间逐渐减少。因为那里的开放空间对于打棒球和踢足球来说过于狭窄。因此，我就开始在铃之峰小学附近的空地上玩耍。

到了青年时期，我对于在第 2 住宅内和朋友见面聊天开始感到不适。因为有回音，所以总觉得对话会被别人听见。另外，我和谁讲话也会清楚地被别人知道，因而被人说三道四。从这个意义来说，第 2 住宅有着与村落一样的生活空间，聚居的其他团地住宅区说不定也会有类似的感觉。

到了中学，社团活动结束后，我时常会和朋友忘情地聊好几个小时，场所主要是在第 2 住宅外的铃之峰住宅的公园。当时我最讨厌的便是街坊的视线，也因声音太大被警告过。由于自身的地域性的共同体意识，和女友散步也会尽量避免出没在第 2 住宅周边。

尽管如此，我还是喜欢在住宅区内散步。楼栋之间的道路和开放空间都充满个性，上学时的往返和从住宅区外回来的时候，我也会选择不同的道路，享受变化的乐趣。

从专用庭院渗透到前庭小巷的交流空间

第 2 住宅由拥有大海视野的 4 层住宅和拥有专用庭院的 2 层住宅组合而成。在这两类住宅楼之间，同时作为消防用地的开放空间和东西方向的道路上，存在着"住宅楼间前庭小巷"（以下简称前庭小巷）（图 3-221）。为了阻挡来自开放空间和前庭小巷的视线，在专用庭院里种植了红叶、山茶、百日红、杜鹃等多种多样的植物，同时表现出了各住户的个性。开放空间的草坪和专用庭院通过斜坡缓缓相接，保持了连续性，且台阶也较低，使得开放空间给人一种"公共庭院"

的感觉。

前庭小巷也是供人们交流的场所。和对门在专用庭院里晒衣服的阿姨寒暄；大声呼叫朋友们出去玩耍；主妇们明明可以进屋，却一直站在家门口聊天……路边的邻里交流空间便产生了。在这前庭小巷里，可以看到同斜面上民居林立的渔村小巷一样的风景。

开放空间和前庭小巷里存在着孩子们的领域感

第2住宅里，水平的场地只有开放空间和前庭小巷，其他地方到处有微小的凹凸、起伏。孩子们在玩耍的过程中会感到"总有不同的高低差"，他们也享受和利用地形的乐趣，好像置身于体育公园。

开放空间是进行球类游戏的宝贵场所，当数个团体在一起时，开放空间就变得不够用了。所以占据开放空间的不成文规则便是先到先得。另外，各住宅楼里都有孩子居住，虽说是开放空间，但孩子们都有着"自家前的庭院就是自己的庭院"的强烈意识，因此，被别的住宅楼的孩子占用时，争吵的情况也时有发生。

虽说前庭小巷是任何人都能利用的公共道路，但当其作为道路两侧的2层住宅居民进出通道的时候，便给人一种外人不便使用的私人空间的氛围。基于对于相互的熟悉和谅解，居民们会将自行车和一些物品堆放出来，其程度因住宅楼而异，因此不同住宅楼的前庭小巷的氛围也不尽相同。非自家住宅所面向的小巷，会让人感到"别人家的庭院"的生疏感而难以使用。住宅区中曾存在过这样的领域区分：大家一起玩耍时会在开放空间进行，而独自玩耍时会去自家东西方向的前庭小巷里。

让人联想到渔村狭窄小巷的南北楼间小巷

沿着斜坡的住宅楼间小巷也是第2住宅比较有特点的外部空间。楼梯和缓步台笔直地向南北延伸，窄到容不下两人并排行走（图3-221）。住宅楼间小巷为了调整两侧的住宅楼高矮，不规则地设置了楼梯和缓步台，进深的外观也随之频繁变化（图3-222）。因为住宅楼布局的不规则性（交错形配置），在狭窄的住宅楼间小巷移动时，开放空间和前庭小巷不规则地出现在左右，开阔行人的视野。带着仿佛登小山的心情上下其中，缓急变换的空间体验也非常有魅力。这样狭窄的小巷，通常被认为难以形成有儿童玩耍的场地或有人们聚集的交流场所，但是如同渔村村落的斜坡和相接的小巷一样，经过住宅楼的时候，从窗户外便可以听到别人家的说话声和电视声，也能闻到饭菜的香味，使得这里成为充满生活气息的外部空间。

图 3-221　前庭小巷
小巷与北侧专用庭院相接，我曾站在这里与朋友聊天，或站在前庭小巷里大声朝北侧住宅楼里朋友的房间呼喊，结伴玩耍。这条通道贯穿东西方向，因为前庭小巷也是南侧住户的进出通道，所以总有一种住宅楼居民以外的人难以使用的氛围。在前庭小巷里，居民们基于相互之间的了解，因而摆放着花盆、自行车、摩托车等室外的生活物品

孕育新的地缘关系的外部空间

第2住宅是宜居的团地住宅区。其原因是通过和朋友、朋友的父母、兄弟、阿姨等认识的人共同生活，而产生的共同体意识会使人有安心感。也说不定是因为在作为商品房的团地住宅区里，大家均为工薪阶层，所以很容易形成共同体。村落历经很长时间，通过生活工作和祭祀形成了高密度的群体交流环境。和这样的村落一样，第2住宅的为了"聚在一起居住"的交流环境，是借由"外部空间"创造产生的。

另外，第2住宅当时居住着很多广岛的年轻建筑师。我记得小时候参加过他们的集会。之后，我有机会询问他们为什么会被第2住宅吸引。得到的回复是："在广岛，第2住宅是最早的追求富裕（脱离标准设计）的集合团地住宅区，它引入了濑户内海的风光，在与地形相呼应的同时，用低层表现出宁静姿态的第2住宅，值得一边居住一边学习。"

图 3-222　住宅楼间小巷

宽度 1160 毫米可以说是非常狭窄的小巷空间。视线的前方出现的是前一边调整高差，一边按不规则的节奏排布的楼梯。以及专用庭院和开放空间的绿色拥有的进深感，使其成为有魅力的室外空间。另外，住宅楼的外墙，和绿色植物交融在了一起。外墙使用了杉树模板，将不规则的条状和随机削出的纹理编织融合在一起进行设计。包含深橙色的外墙，其外观随着时间的流逝而融合协调

孕育了我的空间感知的第2住宅区

江川先生说，他加入研究所后进行的第一份工作便是第2住宅的设计。他回忆说这项工作是"与地形的共同作品，针对地形追求更自由的接地性"。参考渔村小巷，其外部空间的设计具有"立体和不规则的节奏"。没有压迫感却有立体进深感的外部空间，是在以下三个条件下产生的①住宅楼的设计 GL 各不相同；②屋外的缓步台设计得比视线高度低；③"开放空间""前庭小巷"和"住宅楼间小巷"三种质感不同的外部空间。这些手法不仅创造了丰富的空间，也使得居住者能够在外部空间中创造属于自己的独特的领域。这些领域通过来来往往的邻里交流活动在日常生活中形成，同时也拥有创造区域关系的功能。

每当在城市或农村中找到一条狭窄的小巷或一条有高差的道路时，我会不由自主地停下脚步后进入其中。然后通过查询地图，确认这条路通往何方，被什么所围合，有时会通过查看地图，去了解是谁的道路，想知道它有怎样的过去。不将其作为道路，而是作为外部空间来理解的话，能帮助我看清这个小镇或者村落的经营、形成的线索以及地域交流环境的状况。这种空间感知的基础，也许是在第2住宅的生活中被培育出来的。

第2住宅现在也几乎没有空房，维持着很高的入住率。我的同学现在还在那居住，20~30 岁的年轻人从父母那里继承了房产后也继续住在那里。在其他铃之峰团地住宅区内空房子和独居老年人增加的情况下，第2住宅的年轻人入住率之所以高，我认为是源于各种对外部空间的设计考虑所创造出的美好而丰富的生活空间。

虽然这只是一个例子，但在建筑竣工 37 年后的现在，我感到又重新温习了一次"被不断继承居住的集合住宅的形式"。

第 4 章

对团地住宅区的证词

从土木工程到建筑设计，"团地住宅区负责小组"的工作

受访者：中田雅资
采访者：吉永健一、筱泽健太

1964 年东京奥运会后，20 世纪 60 年代起，团地住宅区迎来了全盛时期。那时公团的设计现场是怎样组织管理的呢？我向长期在日本住宅公团工作过的中田雅资先生询问了当时公团住宅的情况。中田先生参与了《团地住宅区　设计思想昭和 30—43 年》（折页图）的制作。谈话从对当时的回忆开始，内容涉及公团的设计思考，以及实现这一思考的"团地住宅区负责小组"这一公团特有的设计体制。

中田先生的经历——
从设计到住宅政策再到街区调查

中田（以下简称 N）　1968~1973 年的 5 年间，我在关西分公司负责团地住宅区的设计。当时是公司里最年轻的员工，并在工作中统筹合作事务所（村野·森建筑事务所、东畑建筑事务所、长谷部·竹腰建筑事务所等）提出的所有想法。工作第六年，我调任至位于东京的总公司的规划部门，这是一个进行预算交涉和探讨年度预算规模的部门。因为当时是追求品质的时代，所以进行了类似"一户哪怕再多几平方米，就能有更多更好的住宅"等的谈判和交涉。之后我从租赁住宅科调任至设计科。在那时，我负责检查公团设计在全国的团地住宅区，并重审其制作方法，进行全国范围的反馈。当时的我还在工作现场发表了"全是 3DK 是不行的！我们需要预见未来时代的团地住宅区"这样有号召性的言论。

吉永（以下简称 Y）　从设计到住宅政策，中田先生也是经历了各种各样的部门啊。

N：从某个时期开始，团地住宅区就被说成"高、远、窄""已经不需要了"的东西，这些言论成为打击公团的工具。经历了阪神淡路大地震和东日本大地震之后，这个组织的价值和存在意义终于得到了认可——不仅仅是口头说一说，而是在紧急时刻能好好执行业务的团队，就是公团。

Y：我想听听您在大阪工作时的故事，当时的公团和大阪是什么样的氛围呢。

N：当时的大阪有着得天独厚的环境。因为要举办世博会，所以整座城市都沸腾了。那个时代能在关西分公司度过的我真是太幸运了。当时正是大阪府设立企业局，开始开发千里新城、泉北新城的时期。建设部（现在的国土交通省）有许多人都去了大阪府，大家都充满了热情。从大阪府和大阪市到公团来的人也很多，大家相处得很好。在那样的氛围中一边调整制度一边做城市规划，让我收获了宝贵的经验。

Y：听说您在大阪的时候，不仅进行了设计，还进行了街区调查。

N：大阪有一个既能接触古老文化又能接触到新城的良好环境，除了平时工作外，我还参与了一个由日本建筑协会中一位多领域的年轻会员组织的交流会。这个交流会有大阪市大阪府、承包公司、房屋制造方、学者等各领域的人聚集在一起，谈论建筑和住宅。我企划了一个每月一次，乘坐巴士去边走边参观传统工艺的活动，通过这个活动拜访了制作桂离宫市松的推拉门的工匠和制作伊势神宫的金属零件工

图 4-1　平城·相乐新城

匠的工作室。随后，我又去了奈良、吉野这些城市，自然地连接上了街区调查的活动。我还进行了对京都的调研，不仅停留在市内的町家，对以船屋闻名的丹后宫津的伊根町也进行了调查。

Y： 当时，您光是设计工作应该就很忙了吧，而您抽出时间去进行街区调查的动机又是什么呢。

N： 虽然设计团地住宅区的时候需要考虑人这个集体的单位以及町内这个共同体的单位，但在设计新的团地住宅区时我们还是有很多不知如何是好的遗留问题。在公园工作结束后，我对京都的町家做了调研，并利用周末的时间继续总结工作。这个调研的结果在杂志《建筑与社会》[（社）日本建筑协会刊] 上进行了连载，这些内容之后总结到了我与同样在公团工作的岛村升先生共同写作的 SD 选书系列《京之町家》（鹿岛研究所出版社会刊）中。也多亏这个调查工作，使得我有机会进行关于 1970 年以后的联排式住宅的更深入的讨论。

团地住宅区的设计师是通才

中田先生在入职第 4 年时，负责了平城·相乐新城的设计。占地面积 800 公顷，是公团关西分公司在近畿圈首次作为单独事业主体参与设计的新城。据说当时的设计部充满了活力。

N： 对于我来说平城·相乐新城是一个有着良好的业绩评价，同时使我成为优秀青年建筑师并受到表彰的充满回忆的团地住宅区。平城·相乐新城跨越了京都府和奈良县，其在之后与学研城市的建设发生关联，是在当时具有话题性的团地住宅区。公团的使命是跨越府县的隔阂，做出满足国民需求的良好街区建设的工作。平城·相乐新城就是典型的例子。

Y： 因为听说平城·相乐新城是中田先生负责的项目，我前几天去了当地考察。这个住宅区中央有一条作为轴线的绿道，住宅楼像是挂在轴线上一样，一连串朝南平行排列，从布局上看虽然非常正统，但实际去走一走会发现，其实内部很复杂也富有变化（图 4-1）。是非常有个性和漂亮的团地住宅区。

N： 当初，我批评住宅区里被设计成了"矩之手（直角）"的人行道说："这不是人能走路的空间！"并且让他们修改了。（我给中川先生看了现在的照片）哎呀，这棵树长大了呢，不知道那些木制的娱乐器材有没有被保存下来。

Y： 有一部分木制娱乐器材保存下来了。孩子在公园和水渠边嘻嘻哈哈地跑来跑去，看上去非常愉快。

N： 是的没错，我们在场地上修建了一条以小河为意象的水渠。当时的奈良县经常缺水，本以为难以修成水渠，不过造园的工作人员提出了一个好主意。邀请在大学里学习过石油生产设备的技术人员，在造园设计事务所里为我们设计制造了水循环系统。在小河建成时，大家都非常开心，到了晚上他们全都跳进去了（笑）。水渠边的魔方路灯也非常漂亮，真是美好的回忆。

Y： 不仅是建筑物，您对于建筑物的外部环境

图 4-2　新千里东町团地住宅区

以及细节的地方都亲自参与设计了呢。

N： 当时我曾说："从平整土地到最后一棵植物，设计的各个阶段我都需要亲自过目！"我们的时代也曾受到植物生态学的影响。参与团地住宅区设计的人被要求是通才。庭院设计是一个反复试错的过程，例如，如何制作娱乐场地？如何设计沙地？……我们在沙地的底部安置了手工制作的瓷砖，上面有船或火车的图案——这种令孩子们发现时会大吃一惊的装置。对于植物，在这里种植球根植物也是首次的尝试。这样秋天种下，早春便会发芽，我想居民们会感到惊讶并对此议论纷纷吧……

Y： 您不仅设计了空间，还设计了时间轴，不愧是通才啊。

因古都奈良县才能成立的团地住宅区

N： 平城·相乐新城是被称为"真正从零开始"的团地住宅区。1963 年出现了全套的全国版标准设计。这套标准设计，连收支决算都进行了完美地控制，并且马上可以订货下单，非常有影响力。在当时，普通的团地住宅区建设一边使用这套标准设计，一边像摆积木一样，几乎没有考虑到住户内部的问题。另一方面，从最初的团地住宅区建设到当时，经过了大约十年以上，这个时期社会上开始出现了对团地住宅区的批判。

Y： 所以平城·相乐新城不想使用这样的标准设计……

N： 仅仅是这样也还不够！我们集合了一股力

量，目标是达成只有我们分公司才能做的事情。

以打造符合日本古都奈良县的团地住宅区为主旨，我们不采用标准设计，而是展开了全部从零开始进行特殊设计的计划。东畑建筑事务所的设计人员也紧跟项目，提出了许多想法。我作为团地住宅区设计小组的负责人[p.121]，承担着不断决策的角色。

Y： 的确，即便只从外观上来说，也是在其他团地住宅区中见不到的设计呢。

N： 屋顶使用了当时被称为"河童屋顶"的坡度屋顶。据说阳台凸出在外的话，会十分有"公团感"，在景观上不受好评。考虑到这样的原因，我们将阳台设计在了柱间的内侧，使得外侧墙面保持平滑。阳台的扶手墙也正好加固了建筑的结构，并且很好地控制了梁的高度。

Y： 当时还是一个石膏涂的外墙被称为"白墙恐怖"的时代呢。

N： 是的。因此，我们在室内设计时积极地导入了色彩。为了营造出温馨感，内壁最后润饰的涂料也首次使用了彩色石膏。坐便器做成彩色，洗手池也装上了彩色脸盆，这些都是第一次尝试。对入住者来说，可能会觉得这是很奇怪的住宅吧。

Y： 想必您参与了住宅楼以外设施的全套设计，例如，据说因为集会所等没有标准设计的原因，所以您实现了对其的自由设计。在平城·相乐新城中是怎样的情况呢？

N： 我们对于追求好的集会所的设计也是毫不妥协。其实，我们在这片土地里发现了烧制平城京屋顶瓦窑洞遗迹的遗址。考虑到想让从全国各地聚集到这里的入住者们更多地了解这片土地。于是我们前往奈良文化财研究所，在传达了计划将瓦片作为土地的记忆展示在集会所的想法后，最初被严厉呵斥道"能做那样的事吗？"。当时的所长名叫坪井清足。尽管如此，我们还是没有放弃，再次拜托他们："我们想在集会所和游乐场里铺上瓦，做出让居民们感受到'啊！我住在奈良呢'的景观。"这次的结果是，我们的想法得到了肯定，并得到奈良文化财研究所的建议——制作一个"狮子头（恶魔瓦的原型）"的复制品，借给我们照片作为参考。特别巧的是，公团里的工作人员的亲戚有一家瓦片店，他们为我们制作了包含替补品在内的三个狮子头的复制品，均被放在了集会所进行装饰。

此外，我还考虑了各种设计方法，意图让人们感知到自己住在奈良县。例如，让东大寺所在的塔头寺院分给我们因突然变异而诞生的奈良八重樱的树苗，或是请当时在奈良女子大学任教的数学家冈洁先生为我们书写了奈良市民宪章的铭牌等。

从《团地住宅区设计思想　昭和30—43年》看公营住宅的设计手法

被通称为"卷轴"的《团地住宅区设计思想　昭和30—43年》是大阪分公司为了公司内部发表而制作的全长3.6米的墙报。墙报上展示了大阪分公司称其为配置规划的集大成者"新千里东町团地住宅区"(p.72)的设计思考，从过去规划的分类、分析、相对比较来进行解说，从报纸上可以看出这份配置规划中的努力，感受到当时公团设计师们的热情。中田先生也参与了卷轴的制作。

N： 每隔1~2年，全国各公团的团地住宅区设计负责人会召开一次会议，发表自己团队的成果。这张卷轴便是为了那时的发表而制作的。我还记得那个夏天，汗流浃背地拼贴卷轴的感觉。

Y： 参加大会的反响怎么样？

N： 其他分公司都"甘拜下风"。

Y： 在读序言时我发现，您在当时就已经提到了有关信息社会和住宅区问题这种现今依旧存在的课题，让我非常惊讶。

N： 现在和以前都差不多呀。卷轴中的案例里，经常被提到的有关住宅环境的规划论的部分有许多都是这样的。例如，行人和汽车的关系，或是在年轻一代聚集的住宅区中"孩子们的游乐场"的关注度很高，成为当时的热门课题。

Y： 卷轴分析了公团成立时在布局规划模式和变迁的过程，让人能清晰地看懂公团在设计上的思考过程。从均匀的朝南平行布置开始，到摸索试错如何布局室外的交流空间，最后形成了以围合型为主的布局。

筱泽（以下简称S） 这个实现了围合型布局的"集大成作品"就是千里新城中的"新千里东町团地住宅区"（图4-2）。

Y： 我本来有一个疑惑，明明千里新城◎内的11个公团住宅区，当初并没有遵循大阪府企业局提出的围合型布局的主规划而朝南平行配置，但设计到后面第7个"新千里东町团地住宅区"的时候却采用围合型布局。不过，在记忆中我看到这张卷轴的时候就被说服了。其实公团从一开始就在为创造一个围合型的空间而不断地摸索和试错。

N： 当时的大阪府企业局，想把在海外视察时看到的东西直接照搬过来。那些方案明明在日照、采光上都存在问题，却不顾住户的居住环境，只是单纯地将住宅楼大大地围合一圈。这样的设计方案得到的结果是公共的开放空间变得像"荒原"一样……

◎ 千里新城，是按照佐竹台（1962年）I高野台·津云台（1963年）I古江台·藤白台（1964年）I青山台（1965年）I新千里北町·新千里东町（1966年）I桃山台·竹见台（1967年）I新千里西町·新千里南町（1968年）的顺序建设的。

Y： 从目前的情况来看，府营住宅的围合型布局有些令人遗憾，与此相对，"新千里东町团地住宅区"则非常好。想必是当时的公团从过去的经验中得出，单纯地将住宅楼围合的方案是行不通的。

N： 公团和大阪府在关于布局规划的思路上的差异，发生了相当多的争论。大阪府也许是想彰显自己对于公团的优越性吧。公团其实很早就发现并且理解了住宅楼朝南平行布局的综合优势，以发展性的手法进行了拆解，并且思考自身可以做什么，因此，当时才想采取与大阪府不同的方式。

Y： "千里津云台团地住宅区"（p.50）正是您所说的朝南的平行布局，但是是把建筑逐一错位布置，逐渐形成的围合型布局。我想这应该是在"新千里东町团地住宅区"和"千里津云台团地住宅区"的案例研究的基础上形成的围合型布局吧。

N： 在家的周边创造拥有高度固有属性的风景，或者说利用平行布局来营造所谓的"设计感"是比较难的。在千叶县的"久米本团地住宅区"*，利用一栋狭长的建筑，将其中一部分改造成了架空层，在阴影区域形成了可以玩耍的"侧边"空间，并将其作为模板。因为孩子们会喜欢在这样的地方聚集、玩耍。

Y： 说到围合型布局，有一个南入口和北入口住宅楼围合形成的居民聚集的空间叫作"N-S 组合"（p.58）。

N： 大阪分局可能是第一个把南入口住宅楼和北入口住宅楼作为一组楼称为"N-S 组合"的机构。因为南栋和北栋的入口都是面向广场那一侧，所以居民的活动会出现两栋之间的空间，这非常好。

Y： 您是在设计南入口住宅楼之后设计的北入口住宅楼吗？

N： 不是的，南入口住宅楼其实已经存在于标准设计中了。在住宅的房间布局上，楼梯处于南侧的话，住户面积的利用率虽然不会上升，但是我们考虑到，如果把住宅楼放在住宅区场地的最北边，那么楼的北面就不用预留楼梯的面积了，场地的土地利用率会得到提高，因此采用了这样的布局。所以从场地的南边开始放置住宅楼，而在最北边以南侧进入的住宅楼结束，也成为我们的做法之一。

Y： 说起来，点状式住宅楼（p.29）在团地住宅区里也起着不小的作用呢。

N： 点状式住宅楼的代表性建筑类型是星型住宅（p.31）和箱型住宅（p.31）。星型住宅继承了公营住宅的设计，箱型住宅楼则是公团的原创设计。在公寓式住宅平行排列的环境中，这些不同的建筑类型有着减少单调感的功能。箱型住宅平面紧凑，所以即便在高倾斜度的土地边缘也适合使用。在"千里津云台团地住宅区"，这样需要调整高低差进行设计的地方，箱型住宅也能很好地布局。成为一栋既适合于场地也有存在感的住宅楼。

Y： 不仅仅是设计景观，还要考虑如何在高低不平的地方建造住宅楼，这一点非常有意思。

N： 为了解决土地高低差带来的问题，我们当时从楼梯间入手，设计了楼梯间与主体分离型住宅楼。这样的设计比普通的住宅楼需要多花费一个楼梯间的费用，但在倾斜的地方可以很好地适用。

Y： 当初有很多土地都带有高低差问题，所以能解决这个问题的住宅楼设计肯定非常重要。

N： 即便只能把高低差缩小哪怕 1 米或者 50 厘米，景观设计也能更顺利地进行。我在做景观设计时，会一边观察地形并展开解读，例如，利用自然形成的斜面巧妙地把某一块区域围起来的话，说不定能形成让人感到舒适平静的空间——这样的思考。我会在住宅楼的块状模型底面上涂上胶水，放置在透明纸上并保持脱离的状态。然后一边移动这个块状模型，一边思考住宅区大致的整体房间布局。其中，最重要的工作是考虑建筑与场地的高低差如何兼容、住宅楼的长度和道路的宽度等要素，最后确定地基平面这件事。

Y：您在决定地基平面的过程中，注意到了哪些事情呢？

N：团地住宅区的场地类型主要有两种。第一种是已经有了新的城市规划，只要遵循其规划即可。例如千里新城就属于第一种。另一种是通过普通手段购入的土地，没有既有的城市规划或者区域整理计划，以走一步看一步的心态购入。虽然没有明说"抱歉只能买到这样的土地……"，但里面全是坑坑洼洼的不平整土地，这样的情况也不少见。比如，千里新城旁边的"东丰中第二团地住宅区"*就是这样的。如果要清除场地内所有多余的土的话，将面临巨额的成本，所以项目规划时，就需要考虑到地形和高低差，使得整体规划能尽量消耗场地内多余的土。

公团的设计室

中田先生在谈话中多次提到"团地住宅区负责人"这个词。这个职位相当于整个规划的统筹者，被认为是团地住宅区设计的关键角色。接下来我们将采访这位团地住宅区负责人，了解公团设计室当年的情况。

Y：在场地形状不规则的情况下，更要充分利用布局规划和住宅楼形式对其进行调整。公团住宅区的诞生——从解读地形到阐明房间布局中，是否有一个连续的设计思路呢？本书其实始于这样一个假说，比如在进行土地平整工程的时候是否也会考虑到"因为布局是这样的，所以做这样的土地平整吧"，是否在每一个阶段都进行了相应的反馈呢？在实际与您进行了交谈之后，发现真的就是如此。

N：当然如此。尤其是对于并非是新城这种已经被规划好的土地，而是通过一般手段购入的土地，我们对于场地地形的解读是非常重要

的。在此基础上，我们根据场地规模，集体规划具有同等性能的住宅楼（标准设计）。只有这样，才能将舒适的生活空间所构成的住宅区可视化。我想，也许只有在团地住宅区规划中才能实现如此宏大的生活领域创造吧。另一方面，该住宅区与现有城市的连接，也是一项跨越了硬件和软件的艰巨工作。虽然我认为将这个部分与本书所涉及的主题分开考虑较好，但无论如何，如果没有一个对于建设所需的广泛技术领域有所了解的协调人员的话，也不可能像当时那样迅速地建造住房吧。特别是参与建设初期的布局规划（或是土地利用规划），需要整体负责人们日常生活空间设计的"团地住宅区负责人"的工作非常重要。

S："团地住宅区负责人"这个职位具体起到了怎样的作用呢？

N：这个职位的基本工作是梳理合理的逻辑，确保公司各部门之间的意见统一。

S：这么说，从预算到最终的住户情况——所有的事情都需要面面俱到。是否从一开始就准备了这样一个用于连接各环节之间的独立职位呢？

N："团地住宅区负责人"是在公团成立初期就设立的职位。在立场上与其他部门是对等的。将作为住宅区标准设计的 4 小时日照、住宅规划、室内外装修、房屋构件等设计要素按照设计理论进行布局；并将包含了上下水道、电、天然气、道路、绿地或公园、集会设施等进行布局设计，使生活空间具像化，是一个统筹全局的职位。

S：我们感兴趣的是："为什么公团住宅区从土地平整到住户建成似乎都是联系在一起的？"是否是因为"团地住宅区负责人"的角色不仅是协调各部门之间的关系，而且在住宅楼的设计中也起到了很大的积极作用呢？

N：公团是一个非常自由的组织。在一个团地住宅区建设时，尽管各住宅类型和户数必须遵

守企划部门的规定，但从规划设计，到道路、广场、儿童游乐场、园路、集会所等配套设施以及草坪和栽种树木的土地设计都由设计科全权负责了。从决定斜坡的坡度，到考虑种什么样的树，做什么样的游乐设施，设计师们在这些方面都将创意发挥到极致了。

Y： 请问当时的设计部是怎样的氛围呢？

N： 因为设计部是由从各个政府机关和企业跳槽过来的人们聚集起来的，虽彼此经历不同，但都可以不论关系平等相处。各种各样的人聚集在一起，不用在意对方有多权威，可以毫无芥蒂地进行讨论。设计部有一个很大的制图板，它之所以大，是因为它需要容纳一个住宅区。聚集在那里的人，虽然不是搞笑艺人（笑），但如果不能发表成熟的言论，就会被认为不够格。

S： 设计部有单独的房间吗？还是大家随意找个地方围在一起就开始做设计呢？

N： 设计部和其他部门在同一个房间里工作。住宅、园林、土木、设备等各个部门的人围着制图板喋喋不休地讨论。负责道路、供水、排污、电话、天然气等基础设施的人员也在同一个场所以便随时协商调整。

S： 我可以想象，这个时期的公团，从土地平整到住宅楼和住户设计，相关的负责人组成团队一起讨论。也就是说，土地平整团队和住宅设计团队都是在同一个地方进行讨论的吗？

N： 比如，在考虑使用什么样式的石头作为路缘石时，就会和道路以及园林部门进行商讨。

住宅区负责小组不会只单纯和园林部门协作，然后把工作交给道路部门建造就完成了。我们在致力于创造一些，不局限于只满足最低功能要求的东西。

Y： 听上去，部门间并非是由上至下的命令传达，而是站在统一的立场上推进项目。

N： 在团地住宅区负责小组的工作中，也会涉及很多实际的协调工作，比如决定桩的位置。我们会根据原来的地形在图上进行颜色划分，

例如，有天然地基的地方则不需要桩，或者不能在天然地基跟回填地基之间设置住宅楼等。团地住宅区负责人会对这些内容一一进行核查。另一方面，团地住宅区负责人是唯一能俯瞰全局的角色。还有一项内容是，当建筑和园林规划图、道路图等完成之后，住宅区负责人还会负责把它们收集起来进行编辑。我觉得这是一个能够在不同尺度上纵观全局的非常好的角色。

S： 现在，团地住宅区负责人这个职位几乎消失了。变成了大家都坐在计算机屏幕前而不再对着图纸和模型的时代了。

N： 说到制图板，让我想起了团地住宅区负责人的前辈津端先生⊖。在来到公团工作之前，他曾在安东尼·雷蒙德⊖设计事务所工作。津端先生说，雷蒙德先生一般会在 3 点左右来制图室视察，当看到有某个工作人员停下手来思考的话，他的脸就会阴沉下来。他在事务所一一过目大家手里的图纸，提出各种意见，确认员工的工作进度，看看是否有人遇到困难等。"在制图室里手不要停，哪怕是画瓷砖的花纹也要动起来。"这是前辈对大家的训诫。但如今，图纸都储存在计算机里了，光是这一点就使得员工之间的讨论变少了，他们的烦恼在什么地方，或者应该指导哪里，无法一目了然。这对现在的设计组织来说，算是最令人不安的事情了吧。

Y： 以前，老板通过员工办公桌上放置的图纸，就知道谁现在在担任什么项目。

⊖ 津端修一（详情请参照 p.68）

⊖ 安东尼·雷蒙德（1888—1976）是活跃在日本的捷克出身的建筑师。安东尼·雷蒙德事务所人才辈出，包括前川国男、吉村顺三、乔治·纳卡西玛等众多巨匠，津端先生在参与到日本住宅公团成立之前（1955—1974 年）在安东尼·雷蒙德事务所任职。

带 ＊ 号标注的住宅区详情参照 p.110、图 111 的团地住宅区列表和团地住宅区年表。

S：我去看近现代建筑师们的展览时，展出的手绘图纸上都残留着一些绘图时经过琢磨和修改的线条，与此相对，现在大家是用计算机打印出漂亮的CAD设计图，看不到那些思考的痕迹了。

N：是呀。我们当时总是围着制图板讨论各种话题。制图板在某种意义上也是一种交流工具。

S：通过在制图板上的讨论，我们可以在技术上寻求团队里其他人的帮助，如果发生了什么问题，只要招呼一声，大家马上就可以聚集在一起讨论解决。

Y：作为一个参与没有先例的新项目的设计组织来说，这真是很理想的体制状态了。当我们进一步思考设计事务的建设的时候，对公团，或者对团地住宅区的见解也会发生改变吧。

S：20世纪90年代以后，公团对于标准设计以外的特殊设计的接受度可能过高了。我们认为，在此之前，直到20世纪80年代为止的那些团地住宅区设计，才最能让人体会到设计在各方制约下诞生出的丰富的创造性。我想，在限制条件不放松至过于宽松的情况下，大家才更有费尽心思琢磨方案的动力。反过来想，也能感受到"拥有标准设计'模板'的自由设计室"这种形式的新意，这和在渔村里寻找各种结构的感觉是一样的。对公团设计的团地住宅区进行解读是一件快乐的事。通过寻找他们对于地形、土地平整、住宅楼布局和房间布局时进行试错所留下的痕迹，越发能看出该团地住宅区所具有的独特个性，这是一件非常有趣的事。

更新对团地住宅区的看法

吉永健一

——在独栋房子中成长的我被团地住宅区的魅力所吸引

应该更新对团地住宅区的看法

我是在高度经济成长期间开发的住宅区的独栋住宅里长大的，所以本身并没有太多的机会接触到团地住宅区。在我志向于建筑专业，并于 20 世纪 80 年代进入大学时，团地住宅区却是作为消极的案例在课程中被提到。其中将团地住宅区挪揄为无机质的混凝土丛林、感叹被铁门阻隔了居民之间的交流环境、共同体荡然无存等。直到我作为设计师开始工作后受熟人的委托，着手改造团地住宅区里的住宅时，才是我开始深入了解团地住宅区的开始。在 2006 年接受委托时，社会上对于团地住宅区的批判风潮依然很强烈，媒体频繁地报道着团地住宅区的老龄少子化、房屋老朽化、空置房等问题。

但实际上，当我踏进团地住宅区时，我消极的预想便被整个颠覆了。团地住宅区里的绿色植物在建成后经过了十年，变得非常繁茂；建筑物也被精心维护，根本谈不上老化；孩子们在公园里玩耍，旁边年轻的妈妈们谈笑风生（图 4-3、图 4-4）。邻居们轻松地打招呼说："哇，翻新房子是打算结婚了吗？"当我把目光放到住宅区的房间布局上时，发现几乎所有房间都有窗户，而且通风和采光都设计得很好。只需推拉隔扇便可以自由地改变房间布局（图 4-5、图 4-7）。我甚至觉得几乎不需要翻新改造。住宅区里绿植很

多，公园的管理和人车的动线分离也被贯彻得很好，令人倍感安心，并有适度的住宅区内交流空间。人们不仅想在绿植丰富的环境中安心地守护孩子的成长，也想住在生活便捷的地方。可以满足这些想法的，便是团地住宅区了。我在着手翻新团地住宅区之前，反而自身对于团地住宅区的看法被翻新了（图 4-6、图 4-8）。

认识到解读团地住宅区的乐趣

以这件事为契机，我开始到处参观全国的团地住宅区。迄今为止我访问了超过 300 个团地住宅区。于是我逐渐意识到，以前觉得相差无几的团地住宅区其实各不相同。在最开始前往访问的千里新城里，也有很多不同的团地住宅区。例如，有像山岳城市一般的"千里青山台团地住宅区"、巧妙地改变了布局的"千里津云台团地住宅区"、拥有充满活力的高层星型住宅楼的"千里竹见台团地住宅区"、如实地表现出公园与府营设计思想差异的"新千里东町团地住宅区"等（图 4-9）。公园、公社、府营、社宅，这些住宅类型的设计思想各不相同，根据场地情况或是建造时期的不同，处理的方式也各有千秋。机械性重复建造的团地住宅区反而很少。我在察觉到这一点后，便体会到了解读关于团地住宅区设计思考的乐趣，之后每次走进团地住宅区都会非常期待和兴奋。

图 4-3 长冈京市"竹之台团地住宅区"的公园
接受了团地住宅区的翻新请求后的初访。傍晚时，孩子们聚集在一起玩耍

图 4-4 "竹之台团地住宅区"的住宅楼和楼间绿地
1968 年竣工。建筑物外观和周边环境的植物，至今仍被很好地修剪管理着

在这个过程中，我发现不同的团地住宅区会让人发出"这个真不错！"的感叹，或"也不过如此呢"的遗憾。这其中的区别到底是什么呢？好的团地住宅区是以怎样的意图被设计出来的呢……逐渐地我对设计手法和它们的设计师也产生了兴趣，紧接着，这些兴趣促成了本书的产生。

与 30 岁的团地住宅区爱好者们相遇

之后，我为了向社会传达团地住宅区的魅力而在 SNS 上发布了信息，自然就和一群被称为"团地住宅区爱好者"的人有了接触。说到"团地住宅区爱好者"，可能会有种"只是痴迷于在建筑外面观察团地住宅区的人"的印象，但其中也有很多人察觉到团地住宅区作为生活场所的好处，开始入住团地住宅区。他们大多是20~30 岁，正处于育儿阶段的年轻人，也就是老龄少子化背景下，团地住宅区最需要的理想住客群。看到他们舒适生活的样子，他们的熟人朋友也选择入住了团地住宅区。他们站在离普通人更近的立场，并且是以居住者的视角来传达团地住宅区的魅力，比我这种专家更具有说服力。察觉到这一点后，我便在 2007 年开始借助团地住宅区爱好者们的力量，陆陆续续地举办了多个传达团地住宅区魅力的活动。其中，以团地住宅区为主题的艺术活动"团地住宅区 unplugged!"活动第十期（图 4-10）有近 100 人参与，占满了观众席，团地住宅区的参观会也竟然有近 50 人参加，着实罕见。事实上，反响之强烈以至于作为主办方的我们都惊讶"真的

有这么多喜欢团地住宅区的人吗"，甚至有人以此为契机入住团地住宅区。

老年人所选择的团地住宅区生活

想在团地住宅区里生活的当然不仅仅是年轻的团地住宅区爱好者。我在团地住宅区闲逛时，曾和很久以前就生活在团地住宅区的长辈们有过交谈。许多长辈都告诉我说"没有比这更适合居住的地方了，完全不想搬出去"。在千里新城等地，随着孩子们从新城搬出，使得老年人口的比率上升，但有些地方的户籍数却几乎没有变化。这意味着长期居住的长辈们不愿意搬出，即使年轻人想搬回团地住宅区也没有空房提供给他们。也就是说，可以被认为是因为舒适度太高而导致的老龄化现象。而老龄化，也许正是能够证明其舒适度的一个证据。

还有一个故事，是有一对夫妇在孩子们离巢后觉得房子太大，便卖出了独栋住宅，搬到了团地住宅区。当我问及他们为何选择了团地住宅区时，得到的回复是"距离超市和医院很近""虽然离车站很远，但已经没有通勤的需要了所以无所谓"。以前我所认为的团地住宅区，是因为经济原因而负担不起高昂房租的家庭的被迫选择，但是后面意识到，即使在有其他选项的情况下选择住在团地住宅区的人也非常多。在对许多 20 世纪 60~80 年代参与了团地住宅区设计的原公团工作人员进行采访时，他们也说"没想到 15 年后，选择继续住在这里的人仍如此之多。"

图 4-5　S 宅翻新前阳台侧的和室
大窗户下整体明亮有开放感的空间

图 4-6　S 宅翻新后阳台侧的和室
在拆除和式房间的隔扇门后，空间的开放感增加

图 4-7 S 宅翻新前的室内
各个房间可以使用隔扇灵活地阻隔或连接

图 4-8 S 宅翻新后的室内
沿袭了原来的房间布局，并使房间张弛有度

图 4-9 千里新城
俯瞰全区，排列着精心设计的住宅楼

图 4-10 "团地住宅区 unplugged！"活动第十期现场
关于团地住宅区的交流活动有接近 100 名参与者来场

与公团的老员工们相遇

2009 年，我作为嘉宾被 UR 都市机构（公团）邀请去参加他们的活动，以此为契机，我得以和公团的员工们进行交流。从一直着重于追求舒适居住环境的设计思考，到关于公团的设计体制，几乎每一位都激动地谈到当时的设计部门是多么热血。我有幸与初期公团设计部门的王牌设计师津端修一先生进行了两次对话。他在"阿佐谷住宅"选择了降低建筑物的高度，在高藏寺新城（高座台团地住宅区、高森台团地住宅区）提出顺应山脊流线的高层建筑方案，在他自己过去亲手设计的"多摩平团地住宅区"的重建方案里，也提出了超高层建筑方案。他是纯粹的现代主义者，根据时代背景和场地，选用最适当的手法创造出最舒适的生活空间。我还从津端先生的话语中了解到，将各式各样的条件全盘接收的"囊括式设计思考"。在津端先生以后，以这种设计思考为基础，被围绕在大型制图板边上滔滔不绝地议论的各类专家们称作"公团住宅区负责小组"[p.116]的公团设计体制得以一代接一代地传承。

再次认识团地住宅区本身的魅力

一个充满魅力的居住环境，可以使得团地住宅区爱好者从旁观者变成实际居住者，并且大多数的住户愿意长期居住下去，数量甚至超越设计师的预期。而为了实现这个目标，公团和设计师们囊括了所有的已知条件，结合场地周边进行设计并产生了丰富的思考。越是深入了解团地住宅区，就越会发现其魅力。

尽管如此，在最近各种各样的团地住宅区改造再生的尝试中，也有不少案例无视甚至剥夺了其团地住宅区原本具备的魅力，改造后则变成了"平平无奇的盒子"。

我认为应该改变的不是团地住宅区，而是社会对团地住宅区的看法。我想让更多的人知道，其实团地住宅区依然具备着可以使现代生活方式更加丰富的力量。虽然团地住宅区总是容易被消极地看待，但很可能在这里才留存着现代生活所需的居住环境。团地住宅区不仅仅是一种情怀，更连接了现在和未来。如果本书能为此有所帮助的话，不胜荣幸。

团地住宅区开发年表 1949～1981 年

本书中出现的团地住宅区都是在高度经济成长期的战后大量住宅供给的社会背景下建设的。在有限的工期、技术中也尝试最大限度丰富居住空间的团地住宅区建设时代总结如下。

法律·政策　团地住宅区关联发表　社会背景

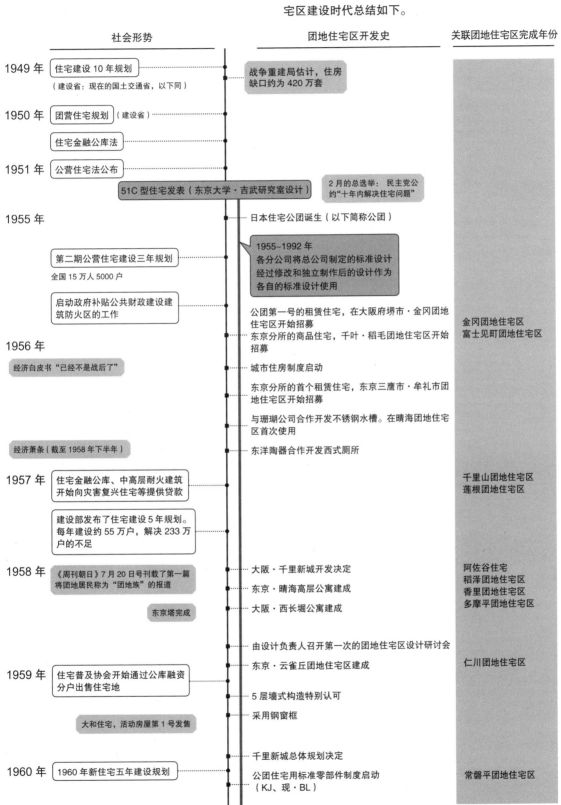

年份	社会形势	团地住宅区开发史	关联团地住宅区完成年份
1949 年	住宅建设 10 年规划（建设省：现在的国土交通省，以下同）	战争重建局估计，住房缺口约为 420 万套	
1950 年	团营住宅规划（建设省）／住宅金融公库法		
1951 年	公营住宅法公布／51C 型住宅发表（东京大学·吉武研究室设计）	2 月的总选举：民主党公约"十年内解决住宅问题"	
1955 年	第二期公营住宅建设三年规划 全国 15 万人 5000 户／启动政府补贴公共财政建设建筑防火区的工作	日本住宅公团诞生（以下简称公团）／1955~1992 年 各分公司将总公司制定的标准设计经过修改和独立制作后的设计作为各自的标准设计使用	金冈团地住宅区 富士见町团地住宅区
1956 年	经济白皮书"已经不是战后了"	公团第一号的租赁住宅，在大阪府堺市·金冈团地住宅区开始招募／东京分所的商品住宅，千叶·稻毛团地住宅区开始招募／城市住房制度启动／东京分所的首个租赁住宅，东京三鹰市·牟礼市团地住宅区开始招募／与珊瑚公司合作开发不锈钢水槽。在晴海团地住宅区首次使用	
	经济萧条（截至 1958 年下半年）	东洋陶器合作开发西式厕所	
1957 年	住宅金融公库、中高层耐火建筑开始向灾害复兴住宅等提供贷款／建设部发布了住宅建设 5 年规划。每年建设约 55 万户，解决 233 万户的不足		千里山团地住宅区 莲根团地住宅区
1958 年	《周刊朝日》7 月 20 日号刊载了第一篇将团地居民称为"团地族"的报道／东京塔完成	大阪·千里新城开发决定／东京·晴海高层公寓建成／大阪·西长堀公寓建成／由设计负责人召开第一次的团地住宅区设计研讨会／东京·云雀丘团地住宅区建成	阿佐谷住宅 稻泽团地住宅区 香里团地住宅区 多摩平团地住宅区 仁川团地住宅区
1959 年	住宅普及协会开始通过公库融资分户出售住宅地／大和住宅，活动房屋第 1 号发售	5 层墙式构造特别认可／采用钢窗框	
1960 年	1960 年新住宅五年建设规划	千里新城总体规划决定／公团住宅用标准零部件制度启动（KJ、现·BL）	常磐平团地住宅区

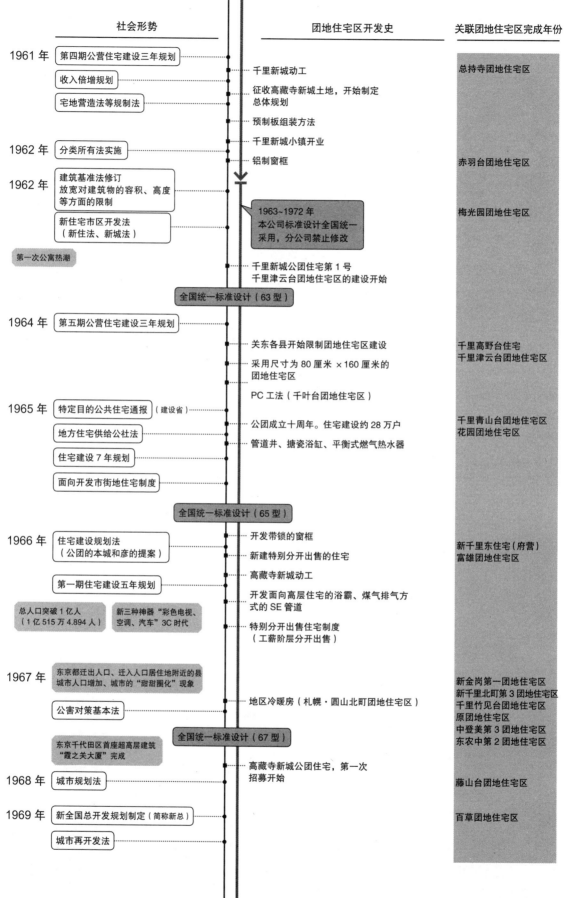

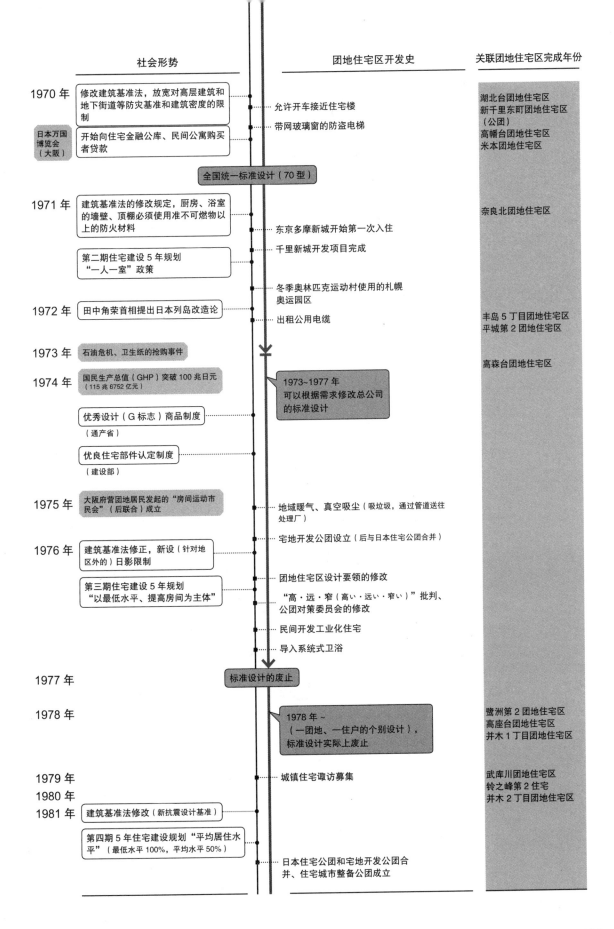

	社会形势	团地住宅区开发史	关联团地住宅区完成年份
1970 年	修改建筑基准法，放宽对高层建筑和地下街道等防灾基准和建筑密度的限制	···· 允许开车接近住宅楼 ···· 带网玻璃窗的防盗电梯	湖北台团地住宅区 新千里东町团地住宅区（公团） 高幡台团地住宅区 米本团地住宅区
日本万国博览会（大阪）	开始向住宅金融公库、民间公寓购买者贷款		
	全国统一标准设计（70 型）		
1971 年	建筑基准法的修改规定，厨房、浴室的墙壁、顶棚必须使用准不可燃物以上的防火材料	···· 东京多摩新城开始第一次入住	奈良北团地住宅区
	第二期住宅建设 5 年规划"一人一室"政策	···· 千里新城开发项目完成 ···· 冬季奥林匹克运动村使用的札幌奥运园区	
1972 年	田中角荣首相提出日本列岛改造论	···· 出租公用电缆	丰岛 5 丁目团地住宅区 平城第 2 团地住宅区
1973 年	石油危机、卫生纸的抢购事件		高森台团地住宅区
1974 年	国民生产总值（GHP）突破 100 兆日元（115 兆 6752 亿元）	1973~1977 年 可以根据需求修改总公司的标准设计	
	优秀设计（G 标志）商品制度（通产省）		
	优良住宅部件认定制度（建设部）		
1975 年	大阪府营团地居民发起的"房间运动市民会"（后联合）成立	···· 地域暖气、真空吸尘（吸垃圾，通过管道送往处理厂）	
1976 年	建筑基准法修正，新设（针对地区外的）日影限制	···· 宅地开发公团设立（后与日本住宅公团合并） ···· 团地住宅区设计要领的修改	
	第三期住宅建设 5 年规划"以最低水平、提高房间为主体"	"高·远·窄（高い·远い·窄い）"批判、公团对策委员会的修改 ···· 民间开发工业化住宅 ···· 导入系统式卫浴	
1977 年		标准设计的废止	
1978 年		1978 年 ~ （一团地、一住户的个别设计），标准设计实际上废止	鹭洲第 2 团地住宅区 高座台团地住宅区 并木 1 丁目团地住宅区
1979 年		···· 城镇住宅谘访募集	武库川团地住宅区 铃之峰第 2 住宅
1980 年			并木 2 丁目团地住宅区
1981 年	建筑基准法修改（新抗震设计基准）		
	第四期 5 年住宅建设规划"平均居住水平"（最低水平 100%，平均水平 50%）	···· 日本住宅公团和宅地开发公团合并、住宅城市整备公团成立	

团地住宅区开发年表 1949 ~ 1981 年

后记

团地的设计思想所表达的

"没有我们想阅读的关于团地的书呢。"社交网络上的这一句话成为撰写本书的契机。既不是怀旧，也不是关于团地改造（这么舒适的居住环境有改造的必要吗）的书，而是为了给想了解团地的设计核心及其背景知识的设计师们的一本书。"那么，我们自己来写一本吧"……这就是本书的开始。

两位作者都是设计师。吉永在建筑事务所工作时，有着团地改造的经验（熊本市营诧麻团地），现在独立从事团地的地产中介和房屋改造的工作。筱泽则是在设计城市公园的过程中，逐渐地感受到在团地中长大的经历所带来的影响。建筑以及景观的设计师像是一种只要在空间里感受到某种舒适感，就会迫不及待想要解读其设计思考和手法的生物。在尝试解读好的团地之前，必然感受到了想要创造舒适空间的设计师们留下的痕迹。怀旧感、绿意盎然、人与人之间的联系并不是团地舒适的绝对理由（虽然这也是设计意图中的一部分）。

作为设计师的作者们想总结的并不是对团地的回忆录。而是为现在以及未来的设计师提供作为精神食粮的设计理论。现已出版的许多关于团地的书中，详细描写设计手法的书并不多。关于日本住宅公团，提及津端修一先生在公团时代的团地设计的书有《奇迹的团地 阿佐之谷住宅》（王国出版社），但是关于津端先生之后的设计手法，很少有书提及，或是没有赋予太高的评价。然而，从对团地的实际解读和从原公团团地员工的采访中可以看出，津端先生之后也一直保持着从场地地形到房间布局全面设计的态度和较高品质。而将地形、风土、历史、社区、技术、生活方式等与空间设计相关的所有事物都能毫无遗漏地衔接在一起的设计手法，正符合现代建筑和景观中解决各式各样问题的需求。解读这样的设计思考，不仅对团地，对于任何需要设计的事物，都有很大的参考意义。另外，对于从事团地的再生和改造的人来说，在了解团地的建造方法和设计师的想法之后，必定能做出更好的设计吧。

对于团地的解读，需要从当时设计者的角度对规划进行客观的分析，这是一项非常困难的工作，但在此过程中能够找到（从场地地形到房间布局）全面的设计思考算是我们的一个很大的成果。从设计师的视角来看，在被提及的案例中能够感受到设计的奇妙之处在于良好的居住环境上。可能会有人想，为什么不提起这个团地呢？有参考这个人的意见吗？这个团地是不是可以这么解读呢？……我们非常欢迎以加深对团地理解为目的的批评。期待今后能从更多不同的视角对团地进行解读，并发掘新的资料和证言作为依据。

本书得以完成，少不了坚信着"团地不是时代的遗留物，而是现代必需的居住空间"的人们的协助。UR 都市机构向本书提供了许多的图片及信息。特别感谢为寻求资料而四处奔走的各位工作人员：以第 4 章中采访的中田雅资先生为首，UR 都市机构的原工作人员的奥贯隆先生、山本干雄先生、现代规划研究所的藤本昌也先生和研究所的各位工作人员等。从以前的团地相关人员那里，我们听到当时的故事并得到一些珍贵的资料，这些都是与本书提到的"解读"所必不可少的证言依据。从项目 D 开始，我们从全国的团地爱好者们处也得到了非常多的建议和资料。并且，在图例绘制等方面，得到了筱泽研究室的学生和毕业生们以及吉永惠里先生的帮助。对于笔者喜欢团地这件事，时而起哄时而冷静地帮忙整理的学艺出版社的岩切江津子女士等，因篇幅有限未能写全的很多助力过本书的人，借此机会向他们致谢。

2017 年 8 月

吉永健一　筱泽健太

图片来源

第1章

图 1-16　"特集：横滨 Sea-side Town 的实验"《城市住宅 8101》鹿岛出版会

第2章

图 2-1　国土地理院空中写真 1977 年摄影 CKT77-1 C8B-24 横滨市本牧地区

图 2-2　L.Benevolo（1983 年）《城市的世界史 4- 近代 -》相模书房

图 2-31　照井启太摄影

图 2-39　以市浦城市开发建筑咨询公司 (1975 年) 编著的《市浦城市开发建筑咨询公司经历书 1975 年版》为基础制作而成

图 2-41　以市浦城市开发建筑咨询公司 (1975 年) 编著的《市浦城市开发建筑咨询公司经历书 1975 年版》为基础制作而成

图 2-49　大久保健志摄影

折页图　"团地住宅区设计思想　昭和 30—43 年"中田雅资提供

第3章

千里青山台团地住宅区

图 3-3　以大阪府（1961 年）：1/3,000 地形图为基础制作而成

图 3-4　大阪府公文书馆 收藏

图 3-8、图 3-12　将大阪府（1961 年）1/3,000 地形图、大阪府（2002 年）1/2,500 地形图重叠制作而成

图 3-22　以城市基盘整备公团《街道与绿化之步》编辑委员会（2002 年）《街道与绿化之步住宅区造园 45 年史》城市基盘整备公团 为基础制作而成

图 3-23　将大阪府（1961 年）1/3,000 地形图、大阪府（2002 年）1/2,500 地形图重叠制作而成

千里津云台团地住宅区

图 3-33　以大阪府（1961 年）1/3,000 地形图为基础制作而成

图 3-34　以大阪府（2002 年）1/2,500 地形图为基础制作而成

图 3-35　以大阪府（2002 年）1/2,500 地形图为基础制作而成

图 3-36　以大阪府（1961 年）1/3,000 地形图为基础制作而成

图 3-37　片寄俊秀所藏

图 3-38　以大阪府（2002 年）1/2,500 地形图为基础制作而成

图 3-39a　大阪府公文书馆收藏

图 3-39b　大阪府公文书馆收藏

图 3-41　大阪府公文书馆收藏

图 3-42　大阪府公文书馆所藏

图 3-44　大阪府公文书馆收藏

图 3-48　以 UR 城市机构提供的资料为基础制作而成

图 3-53　由 UR 城市机构提供

图 3-55　以 UR 城市机构提供的资料为基础制作而成

图 3-57　由 UR 城市机构提供

高座台团地住宅区·高森台团地住宅区

图 3-65~ 图 3-68、图 3-75、图 3-77　以高山英华编（1967 年）《高藏寺新城规划》鹿岛出版会 p.254 为基础制作而成

图 3-79　以高藏寺新城开发事业相关事业记录编辑委员会（1981 年）《高藏寺新城 -20 年的记录》日本住宅公团住宅区 p.210 为基础制作而成

图 3-80　以高藏寺新城开发事业相关事业记录编辑委员会（1981 年）《高藏寺新城 -20 年的记录》以日本住宅公团 p.209 为基础制作而成

图 3-85　芹泽保教、筱泽健太、宫城俊作、城地文子（2015 年）"从高藏寺新城的住宅楼配置和开放空间来看土地开发的特征"《景观研究 78（5）》日本造园学会 pp.773-776

图 3-89　以高藏寺新城开发相关事业的记录编辑委员会（1981 年）《高藏寺新城 -20 年的记录》日本住宅公团 p.210 为基础制作而成

图 3-90　由 UR 城市机构提供

图 3-89　以高藏寺新城开发相关事业的记录编辑委员会（1981 年）《高藏寺新城 -20 年的记录》日本住宅公团 p.210 为基础制作而成

图 3-99　由 UR 城市机构提供

新干里町团地住宅区（公团）

图 3-108、图 3-109　以 UR 城市机构提供的资料为基础制作而成

图 3-110　以 "团地住宅区设计思想　昭和 30—43 年"为基础制作而成（中田雅资提供）

图 3-124　以 UR 城市机构提供的资料为基础制作而成

千里高野台住宅

图 3-132　以大阪府（1961 年）1:3000 地形图为基础制作而成

图 3-134　大阪府公文书馆收藏

图 3-135　大阪府公文书馆收藏

图 3-136　以大阪府（2002 年）1/2,500 地形图为基础制作而成

图 3-138　a：以大阪府（1961 年）1/3,000 地形图、b：以大阪府（2002 年）1/2,500 地形图为基础制作而成

图 3-146　以筱泽健太、宫城俊作、根本哲夫（2010 年）"集合住宅区千里新城内存在的自然环境的构造及其形成过程"《景观研究 73（5）》"日本造园学会、pp.731-736 为基础制作而成

图 3-147　以大阪府（2002 年）1/2,500 地形图、筱泽健太、宫城俊作、根本哲夫（2010 年）"集合住宅区千里新城内的自然环境的构造及其形成过程"《景观研究 73（5）》日本造园学会、PP.731-736 为基础制作而成

图 3-154　梶木典子（神户女子大学教授）提供

图 3-155　梶木典子（神户女子大学教授）提供

井木 1 丁目·2 丁目团地住宅区

图 3-159　以国土地理院 1/25,000 地形图 1966 改测为基础制作而成

图 3-160　以国士地理院 1/25,000 地形图 1976 二改为基础制作而成

图 3-163　以村上武（1971 年）"金泽填地事业调查季报（28）"横滨市、p.110 为基础制作而成

图 3-164、3-168~3-171
　　长岛孝一（1981 年）"街道型住宅的手法 —— 金泽 Sea-sideTown 的街道建设 1970-1975"《城市住宅 8110》鹿岛出版会、p.23
图 3-172 以横滨市建筑局（2012 年）1/2,500 地形图（城市规划基本图 1991 年测量、2012 年修正）为基础且参考以下资料制作而成
　　·综合规划事务所·西田胜彦（1981 年）"金泽 Sea-side Town1 号地低层住宅地的实施规划"《城市住宅 8110》鹿岛出版会、pp.33-39
　　·山本干雄（1981 年）"金泽 Sea-side Town1 号地的景观"《城市住宅 8110》鹿岛出版会、p.40
　　·松川凉子编（1981 年）"〈共同设计〉文档"《城市住宅 8110》鹿岛出版会、pp.45-61
图 3-173 山本干雄（1981 年）"金泽 Sea-sideTown1 号地的景观"《城市住宅 8110》鹿岛出版会、p.40
图 3-179 槙综合规划事务所·西田胜彦"金泽 Sea-side Town1 号地低层住宅地的实施规划"《城市住宅 8110》鹿岛出版会、p.39
图 3-183 以横滨市建筑局（2012 年）1/2,500 地形图（城市规划基本图 1991 年测量、2012 年修正）为基础且参考以下资料制作而成
　　·松川凉子编（1981 年）"〈共同设计〉文档"《城市住宅 8110》鹿岛出版会、p.45

铃之峰第 2 住宅

图 3-191 以广岛市《西部事业开发史、1983 年》为基础制作而成
图 3-193 以广岛市《地形图 1/25,000、1970 年》为基础制作而成
图 3-196 以广岛市《西部事业开发工事报告书、1983 年》为基础制作而成
图 3-197 以现代规划研究所（1977 年）《铃之峰中高层团地住宅区基本规划报告书》为基础制作而成
图 3-198、图 3-199、图 3-201、图 3-202
　　以现代规划研究所（1974 年）《广岛铃之峰团地住宅区 A 街区配置基本设计报告书》为基础制作而成
图 3-203 以现代规划研究所"时期区分铃之峰团地住宅区第 2 期 B 地区建筑工事、配置图"为基础制作而成
图 3-204 以现代规划研究所"时期区分铃之峰团地住宅区第 2 期 B 地区建筑工事、立面图"为基础制作而成
图 3-209、图 3-210
　　以现代规划研究所（1974 年）《广岛铃之峰团地住宅区 A 街区配置基本设计报告书》为基础制作而成
图 3-211 以现代规划研究所"时期区分铃之峰团地住宅区第 2 期 B 地区建筑工事、断面图"为基础制作而成
图 3-213 以现代规划研究所（1974 年）《广岛铃之峰团地住宅区 A 街区配置基本设计报告书》为基础制作而成

第 4 章

专栏 3

图 4-7 冈田大次郎摄影
图 4-8 冈田大次郎摄影
图 4-10 桝本典子摄影

第 1 章

第 2 章

文 2-1 武内和彦（1991 年）《整体城市的构想 —— 城市建设观察》综合 UNICOM、pp.20-23
文 2-2 芹泽保教、筱泽健太、宫城俊作、城地文子（2015 年）《从高藏寺新城的住宅楼配置和开放空间来看土地开发的特征》《景观研究 78（5）》日本造园学会、pp.773-776
文 2-3 高桥学（1996 年）"土地的简历与阪神 —— 淡路大地震"《地理学评论 69（7）》地盘工学会、pp.504-517
文 2-4 筱泽健太、宫城俊作、根本哲夫（2007 年）"千里新城的集水域的构造变化与公园绿地系统的关联"《景观研究 70（5）》日本造园学会、pp.647-652
文 2-5 森友宏、风间基树、佐藤真吾（2014 年）"东日本大地震中仙台市内大规模开发住宅地的地震受灾调查：5 个平整地的全方面调查"《地基工学日志 9（2）》地基工学会、pp.233-253
文 2-6 筱泽健太、宫城俊作、根本哲夫（2009 年）"基于自然环境结构下千里新城公园绿地系统重组的方向性"、《景观研究 72（5）》日本造园学会、pp.815-820
文 2-7 筱泽健太、宫城俊作、根本哲夫（2008 年）"千里新城公园内自然环境的构造及其表现形式"《景观研究 71（5）》pp.773-778
文 2-8 山崎亮（2012 年）《社区设计的时代 —— 我们自己建设街区》中央公论新社
文 2-9 市浦城市开发建筑咨询公司编著（1975 年）《市浦城市开发建筑咨询公司经历书 1975 年版》、p.77

第 3 章

千里青山台住宅区

文 3-1 大阪府（1961 年）1/3,000 地形图
文 3-2 大阪府（2002 年）1/2,500 地形图
文 3-3 竹田悠介（2016 年）"关于千里新城青山台的步行空间的研究"工学院大学建筑学部毕业论文

千里津云台住宅区

文 3-4 大阪府（1961 年）1/3,000 地形图
文 3-5 大阪府（2002 年）1/2,500 地形图
文 3-6 大阪府企业局（1970 年）千里新城平整土地模式图（片寄俊秀所藏）
文 3-7 筱泽健太、宫城俊作、根本哲夫（2006 年）"千里丘陵开发过程中对地形的处理与自然环境的构造"《景观研究 69（5）》日本造园学会、pp.817-822
文 3-8 筱泽健太、宫域俊作、根本哲夫（2007 年）"千里新城的集水域的构造变化与公园绿地系统的关联"《景观研究 70（5）》日本造园学会、pp.647-652
文 3-9 筱泽健太、宫城俊作、根本哲夫（2008 年）"千里新城公园内自然环境的构造及其表现形式"《景观研究 71（5）》日本造园学会、pp.773-778

文 3-10 木多道宏（2004 年）"通过社会空间的浸透思考生活环境的形成和设计"、舟桥国男编著《建筑规划读本》大阪大学出版会、pp.189-222

文 3-11 筱泽健太、宫城俊作、根本哲夫（2009 年）"基于自然环境结构下千里新城公园绿地系统重组的方向性"《景观研究72（5）》日本造园学会、pp.815-820

文 3-12 筱泽健太（2011 年）"从景观设计的角度看待文化景观"《文化景观研究集会（第3回）报告书》奈良文化财产研究所、pp.42-49

高座台团地住宅区、高森台团地住宅区

文 3-13 高山英华编著（1967 年）《高藏寺新城规划》鹿岛出版会、p.254

文 3-14 筱泽健太、宫城俊作、城地文子（2015 年）"高藏寺新城开发规划所带来的自然环境构造的影响"《景观研究78（5）》日本造园学会、pp.761-766

文 3-15 芹泽保教、筱泽健太、宫城俊作、城地文子（2016 年）"从高藏寺新城的住宅楼配置和开放空间来看平整土地的特征"《景观研究78（5）》日本造园学会、pp.773-776

文 3-16 芹泽保教、筱泽健太、宫城俊作、城地文子（2016 年）"高藏寺新城的供水、排水系统与开发前地形的关系"《景观研究79（5）》日本造园学会、pp.689-692

新千里东町团地住宅区（公团）

文 3-17 日本住宅公团大阪分公司编著《团地住宅区设计思想 昭和30—43 年》（中田雅资提供）

千里高野台住宅

文 3-18 大阪府（1961 年）1/3,000 地形图

文 3-19 大阪府（2002 年）1/2,500 地形图

文 3-20 筱泽健太、宫城俊作、根本哲夫（2010 年）"千里新城的集合住宅区内存在的自然环境构造及其形成过程"《景观研究71（5）》日本造园学会、pp.773-778

文 3-21 筱泽健太、宫城俊作、根本哲夫（2010 年）"千里新城的集合住宅区内存在的自然环境构造及其形成过程"《景观研究73（5）》日本造园学会、pp.731-736

并木1丁目·并木2丁目团地住宅区

文 3-22 国土地理院 1/25,000 地形图 "本牧" 1966 年改测、1976 年二改

文 3-23 村上武（1971 年）"金泽填海项目"《调查季报（28）》横滨市、p.110

文 3-24 长岛孝一（1981 年）"街道型住宅的手法——金泽Sea-sideTown的街道建设 1970—1975"《城市住宅8110》鹿岛出版会、pp.22-23

文 3-25 横滨市建筑局（2012 年）1/2,500 地形图（城市规划基本图 1991 年测量、2012 年修正）

文 3-26 槙综合规划事务所·西田胜彦（1981 年）"金泽Sea-side Town1 号地低层住宅地的实施规划"《城市住宅8110》鹿岛出版会、pp.33-39

文 3-27 山本干雄（1981 年）"金泽 Sea-sideTown 的景观"《城市住宅 8110》鹿岛出版会、p.40

文 3-28 松川凉子编（1981 年）《文档〈共同设计〉》《城市住宅 8110》鹿岛出版会、pp.45-61

文 3-29 横滨市建筑局（2012 年）1/2,500 地形图（城市规划基本图 1991 年测量、2012 年修正）

铃之峰第2住宅

文 3-30 广岛市（1983 年）《西部事业开发史》

文 3-31 广岛市（1970 年）地形图 1/25,000

文 3-32 广岛市（1983 年）《西部事业开发工事报告书》制作而成

文 3-33 现代规划研究所（1977 年）《铃之峰中高层团地住宅区基本规划报告书》

文 3-34 现代规划研究所（1974 年）《广岛铃之峰团地住宅区A街区配置基本设计报告书》

文 3-35 现代规划研究所"时期区分铃之峰团地住宅区第2期B地区建筑工事、配置图"

文 3-36 现代规划研究所（1974 年）《广岛铃之峰团地住宅区A街区配置基本设计报告书》

文 3-37 现代规划研究所"时期区分铃之峰团地住宅区第2期B地区建筑工事、立面图"

文 3-38 现代规划研究所"时期区分铃之峰团地住宅区第2期B地区建筑工事、断面图"

其他参考文献文·参考 URL

1 日本住宅公团编著（1965 年）《日本住宅公团10年史》日本住宅公团

2 日本住宅公团编著（1975 年）《日本住宅公团10年史》日本住宅公团

3 日本住宅公团编著（1981 年）《日本住宅公团10年史》日本住宅公团

4 大阪府编著（1970 年）《千里新城的建设》大阪府

5 高藏寺新城开发相关项目记录编辑委员会（1981 年）《高藏寺新城——20 年的记录》

6 三浦展、志岐佑一、松本真澄、大月敏雄著（2010 年）《奇迹的住宅——阿佐谷住宅》王国出版社

7 山地英雄著（2002 年）《新故乡——千里新城的40 年》NGS

8 津端修一、津端英子著（1997 年）《高藏寺新城夫妇物语——致花子小姐，"两人的信"》密涅瓦书房

9 大阪府建筑部住宅开发编（1966 年）《'66 住宅年报大阪府》

10 大阪府建筑部住宅开发部门监修（1980 年）《府营住宅区的足迹》

11 城市基盘整备公团《街道与绿化的足迹》编辑委员会（2002 年）《街道与绿化的足迹团地造园45 年史》城市基础设施整备公团

12 内填青藏著、志岐祐一编（2014 年）《世界上最美的住宅图鉴》X-Knowledge

13 木下庸子、植田实编著（2014 年）《家与团地与街道——公园住宅设计规划史（居住学大系 103）》Rutles

14 铃木成文著（2006 年）《五一 C 白皮书——我的建筑规划学战后史（居住学大系）》居住学图书馆出版局

15 市浦住宅房屋与规划（2010 年）"千里新城——半世纪的轨迹与现状"、http://www.ichiura.co.jp/newtown/pdf/senri_nt/all.pdf

16 市浦住宅房屋与规划（2010 年）"近代新城系谱——城市理想肖像的变迁"、http://www.ichiura.co.jp/newtown/pdf/modern_nt/all.pdf